KB048941

과학의 본성과 과학철학

과학의 본성과 과학철학

송성수 지음

생각의힘

차례

머리말

과학의 본성nature of science, NOS에 관한 물음은 '과학이란 무엇인가' 혹은 '우리는 무엇을 과학으로 간주하는가'로 표현될 수 있다. 전자前者는 과학이 인간의 인식과는 독립적인 지위를 가진다는 인상을 주는 반면, 후자後者는 과학이 인간의 인식을 통해서만 존재한다는 뉘앙스를 풍기고 있다. 이와 관련하여 과학철학의 교재로 널리 사용되고 있는 차머스Alan F. Charmers의 책이 '우리가 과학으로 부르는 이것은 무엇인가?What is this thing called science?'라는 제목을 달고 있다는 점도 흥미롭다.

과학의 본성에 관한 물음은 '과학과 비非과학을 구분하는 기준은 무엇인가'로도 표현될 수 있다. 과학인 것과 과학이 아닌 것 혹은 과학으로 여길 수 있는 것과 그렇지 않은 것을 구별함으로써 과학의 본성에 접근할 수 있는 것이다. 이것은 과학철학에서는 구획 문제demarcation problem로, 과학사회학에서는 경계 작업boundary work으로 불린다. 구획 문제에 대한 논의는 과학과 비과학을 구별할 수 있는 논리적 기준이나 개념적 틀을 찾고 있는 반면, 경계 작업에 관한 논의는 과학과 비과학을 나누는 것 자체가 이해관계나 협상의 산물이라는 점에 주목하고 있다.

본성에 관한 모든 물음이 그렇듯이, 과학의 본성에 대해서도 어떤 관점에서 과학에 접근하느냐에 따라 매우 다양한 견해가 제시될 수 있다. 과학의 본성은 과학의 가치와 목적을 통해 접근할 수도 있고, 과학 지식이나 과학적 방법과 같은 과학의 구성요소 혹은 측면을 통해 논의할 수도 있다. 또한 과학의 본성은 그것을 주요한 주제로 삼아온 과학철학에 대한 논의를 매개로 고찰할 수도 있다. 최근에는 과학의 인식적 성격을 넘어 과학의 사회적 성격이 강조되는 경향을 보이고 있다.

과학의 본성에 관한 물음은 과학철학을 통해 집중적으로 제기되어 왔지만, 과학사, 과학사회학, 과학교육 등에서도 이에 대한 관심을 지속적으로 표방해 왔다. 이와 같은 다양한 학문적 논의를 바탕으로 과학의 본성에 대한 여러 관점을 검토해 보고자 하는 것이 이 책의 소박한(?) 취지이다. 그것은 우리가 코끼리의 다양한 부위를 만져 보면서 코끼리의 실체에 접근하는 작업에 비유될 수 있다.

이러한 시도는 필자의 개인적 상황과도 연관되어 있다. 필자는 2007년부터 부산대학교 물리교육과의 전공선택 과목인 〈과학사 및 과학철학History and Philosophy of Science, HPS〉을 담당해 왔다. 과학사 전공자인 필자로서는 과학철학 수업을 준비하는 것이 쉽지 않았으며, 게다가 과학사와 과학철학을 과학교육과 연결시키는 것도 부담스러웠다. 하지만 어느새 강의노트가 하나둘씩 쌓이면서 이제는 어설프게나마 과학사와 과학철학을 함께 가르치면서 이와 관련된 과학교육의 논점도 다룰 수 있게 된 것 같다. 2014년에는 부산대학교 물리교육과 김영민 교수님께서 주도하신 『과학교육학의 세계』의 제2장을 집필했고, 이번에 이를 대폭 보완하여 새로운 책자로 발간하게 되었다.

책을 준비하면서 문득 필자가 대학원생 시절에 받았던 수업이 생각났다. 지금으로부터 약 25년 전에 과학철학을 열정적으로 가르쳐 주신 장회익 선생님과 조인래 선생님께 고개를 숙인다. 조인래 선생님 덕분에 과학철학의 기본 구조와 핵심 주장을 익힐 수 있었고, 장회익 선생님 덕분에 과학과 메타과학에 대한 사유의 폭을 넓힐 수 있었다. 이 자리를 빌려 과학사, 과학철학, 과학사회학 등을 두루 섭렵한 본보기가 되는 홍성욱 교수님, 그리고 과학철학에 관한 질문을 항상 재치 있게 받아주는 이상욱 교수와 장대익 교수께도 감사의 마음을 전한다. 끝으로 필자의 수업에 열심히 참여해

준 부산대학교 학생들과 이번에도 흔쾌히 출판을 허락한 김병준 대표께 감사드린다.

1

과학의 본성에 관한 아홉 가지 이야기

과학의 본성을 본격적으로 논의하기 전에 이 장에서는 과학의 역사에서 추출한 아홉 가지 이야기를 살펴보고자 한다. 이러한 사례들은 다양한 각도에서 과학의 개념이나 특성에 대해 생각할 수 있는 기회를 제공할 것이다. 여기에는 과학의 시작, 아리스토텔레스의 과학, 16~17세기 과학혁명, 갈릴레오와 망원경, 린네의 분류학, 산소의 발견, 진화론의 탄생, 원자탄과 과학자의 사회적 책임, 노벨상과 여성 과학자 등이 포함된다.

과학은 언제 시작되었는가?[1]

이 질문에 답을 하려면 '과학이란 무엇인가'에 대한 논의가 전제되어야 한다. 인간이 자연과 관계를 맺는 것을 과학으로 본다면, 과학의 시작은 인류의 탄생으로 거슬러 올라갈 수 있다. 인류는 거친 자연 환경 속에서 생존하기 위해 도구를 만들고 활용하는 데 많은 노력을 기울여 왔던 것이다. 이와 달리 자연에 대한 관념, 즉 자연관을 과학의 요체로 간주한다면, 생각하는 인간을 뜻하는 호모 사피엔스가 등장함으로써 과학이 시작되었다고 볼 수 있다. 현생 인류는 오랫동안 신화적 자연관을 가지고 있는데, 그것은 신의 의지, 사랑, 미움 등을 통해 자연 현상을 설명하는 형태를 띠었다. 자연 현상에 대한 관점을 넘어 자연 현상에 대한 기록을 과학으로 규정한다면, 문자가 발명되고 도시 문명이 출현한 시기에 과학이 시작된 것으로 보아야 한다. 대략 기원전 3,000년을 전후하여 이집트, 메소포타미아, 인도, 중국 등지에서는 하늘이나 땅에서 벌어지는 각종 자연 현상을 지속적으로 기록하는 작업이 전개되었다. 그밖에 오늘날의 과학 교과서에 실린 지식을 과학으로 간주하는 사람들은 과학이 16~17세기에 시작되었다고 할 것이고, 직업으로서의 과학에 주목한다면 과학에 대한 교육과 연구가 제도화된 19세기에 이르러서야 과학이 시작되었다고 볼 수 있다.

많은 과학사학자들은 과학이 기원전 6세기에 밀레토스 학파에서 시작되었다고 평가한다. 밀레토스 학파는 만물을 지배하는 근본 물질 혹은 원질arche이 무엇인지에 대해 논의했다. 탈레스Thales

는 만물의 근원이 물이라는 의견을 제시하면서 지진이 일어나는 것은 물 위에 떠 있는 땅덩이가 흔들리기 때문이라고 설명했다. 아낙시만드로스Anaximandros는 물에서 불이 나올 수 없다고 반박하면서 경계를 지을 수 없는 무한자無限者, apeiron가 만물의 근원이며 이로부터 따뜻함과 차가움의 싹이 생겨난다고 주장했다. 아낙시메네스Anaximenes는 무한자와 같은 추상적 물질은 존재하지 않는다고 반박한 후 공기를 근본 물질로 보면서 공기가 농축되면 물이 되고 공기가 희박해지면 불이 된다고 설명했다.

밀레토스 학파의 논의는 오늘날의 관점에서 보면 유치한 수준이지만, 이전과는 다른 성격을 띠고 있었다. 이전에는 자연 현상의 변화를 초자연적인 존재의 탓으로 돌렸는데, 밀레토스 학파가 활동하던 기원전 6세기부터는 자연 안에서 자연 현상의 원인을 찾기 시작한 것이다. 예를 들어 이전 사람들은 지진을 신神적인 존재가 일으킨 현상으로 간주했지만, 탈레스는 지진이 땅덩이가 물 위에 떠 있으면서 흔들릴 때 발생한다고 보았다. 또한 이보다 더욱 중요한 것으로 합리적 토론과 비판의 전통이 생겨났다는 점을 들 수 있다. 즉 당시의 학자들은 서로의 주장을 비판하고 더 나은 주장을 제시하려고 노력하면서 자연 현상에 대한 논의를 보다 합리적이고 체계적으로 만들었다. 더 나아가 밀레토스 학파는 구체적인 사물이나 현상에 대해 탐구하는 것을 넘어서서 근본 물질과 같은 추상적이고 일반적인 물음을 제기했다. 대부분의 과학은 특수 언명인 사실로부터 보편 언명인 법칙이나 이론을 끌어내는 것을 지향하는데, 밀레토스 학파의 논의는 이러한 과학의 특성에 부합하고 있는 셈이다.

아리스토텔레스의 과학이 오래 지속된 이유

아리스토텔레스는 우주가 무한하다면 중심이 없을 것이므로 우주가 유한하다고 간주했다. 그는 『천체에 관하여De Caelo』에서 지구를 중심에 두고 55개의 천구가 겹겹이 싸여 있는 우주 모형을 제안했으며, 천구의 움직임을 주관하는 존재를 부동의 기동자unmoved mover로 보았다. 이어 아리스토텔레스는 달을 기준으로 영구 불변의 세계인 천상계와 불완전한 세계인 지상계를 구분했다. 천상계는 완전한 제5원소인 에테르로 구성되어 있으며, 지상계에는 흙, 물, 공기, 불의 4원소가 지구의 중심에서 무거운 순서대로 자리 잡고 있다. 4원소 중에서 흙은 차고 건조하며, 물은 차고 습하며, 공기는 따뜻하고 건조하며, 불은 따뜻하고 습하다. 아리스토텔레스는 이러한 성질들이 서로 바뀌면서 원소들이 서로 변환될 수 있다고 보았고, 그것은 이후에 연금술의 이론적 기반으로 작용하기도 했다.

아리스토텔레스는 『자연학Physica』에서 운동을 '잠재성의 실재화'로 규정한 후 물체가 가진 본래의 속성인 자연스러운 운동natural motion과 그렇지 않은 강제적 운동violent motion으로 구분했다. 천상계의 원운동이 자연스러운 운동의 대표적인 예이며, 지상계에서는 가벼운 것이 올라가고 무거운 것이 아래로 내려가는 수직운동이 자연스러운 운동이다. 반면 강제적 운동은 외부의 운동원인mover에 의한 것으로 지상계에서만 발생하는데, 돌을 던진다거나 수레를 미는 것이 그 예가 된다. 아리스토텔레스는 운동원인이 움직이는 물체와 접촉해서 작용한다고 생각했으며, 진공은 존재하지 않는다고 보았다. 또한 그는 물체의 운동속도가 그 물체가 가진 무게나 외부에서 가해진 힘에 비례하고 매질의 저항에 반비례한다고 주장했는데, 훗날 중세의 과학자들은 그것을 $v \propto F/R$로 표현했다. 이 식에 따르면, 진공이 존재할 경우에는 물체의 운동속도가 무한으로 되는 결과가 유발된다.

이처럼 아리스토텔레스는 우주론, 물질이론, 운동이론을 포괄적이면서도 체계적으로 연결시켰다. 그의 과학이 약 2,000년 동안 계속 유지될 수 있었던 것은 바로 이러한 포괄성과 체계성 덕분이라고 할 수 있다. 물론 16~17세기 이전에도 아리스토텔레스와 다른 견해를 제시하거나 새로운 개념을 제안하는 사람들이 있었다. 하지만 그러한 견해나 개념이 아리스토텔레스의 체계 전체를 무너뜨리는 것으로 나아가지는 못했다. 고대와 중세의 학자들은 기존의 과학에 대해 비판적 논의를 전개하는 경우에도 아리스토텔레스의 체계 속에서 몇몇 문제점을 적당히 해소하는 정도에 머물렀던 것이다.

이러한 경향은 14세기에 뷔리당Jean Buridan이 종합했던 임페투스impetus 이론에서도 엿볼 수 있다. 임페투스는 운동하는 물체가 최초의 운동원인 때문에 얻게 되는 양으로, 그것이 물체에 남아 운동원인으로 계속 작용하여 물체의 운동을 지속시켜 준다. 임페투스의 크기는 물체의 속도와 질량에 의해 정해진다. 이 개념을 낙하하는 물체에 적용시키면 낙하하는 동안 무게가 계속 작용하므로 임페투스가 계속 증가하게 되고 이것이 낙하하는 물체의 속도가 증가하는 원인이라는 설명이 얻어진다. 또한 보통 물체의 임페투스는 불완전해서 점점 줄어들어 결국은 운동이 정지해 버리지만, 천체는 완전한 임페투스를 지녀서 이것이 영원히 보존되고 운동을 계속하게 된다. 임페투스는 표면상으로는 근대 역학의 운동량이나 관성의 개념을 떠올리게 하지만, 사실은 아리스토텔레스의 운동원인이라는 개념을 고수하기 위해 도입된 관념적인 운동원인의 성격을 띠고 있었다. 운동의 원인이 매질에서 물체로 옮아갔을 뿐 운동원인이라는 개념은 계속 남아있었던 것이다.

16~17세기 과학혁명이란 무엇인가

근대 과학은 16~17세기 유럽에서 출현했다. 역사가들은 근대 과학이 형성된 일련의 사건을 '과학혁명The Scientific Revolution'으로 부르는데, 그 용어는 제1세대 과학사학자인 꼬아레Alexandre Koyré가 1939년에 발간한 『갈릴레오 연구』에서 처음 사용한 것으로 알려져 있다. 과학혁명이 전개되는 과정에서는 과학 지식뿐만 아니라 과학의 방법, 과학 활동, 과학의 사회적 지위에서도 중요한 변화가 있었다.[2]

지식의 측면에서는 천문학, 역학, 생명과학 등의 분야에서 중요한 변화가 있었는데, 그것은 각각 천문학 혁명, 역학 혁명, 생리학 혁명으로 불리기도 한다. 천문학에서는 지구중심설천동설이 태양중심설지동설로 교체되는 극적인 전환이 이루어졌고, 역학에서는 고전역학classical mechanics으로 불리는 새로운 역학이 출현했으며, 생명과학에서는 인체 해부가 널리 시행되는 가운데 혈액순환설로 대표되는 근대적 생리학이 등장했다. 천문학 혁명에는 코페르니쿠스Nicolaus Copernicus, 케플러Johannes Kepler, 갈릴레오Galileo Galilei[3], 뉴턴Isaac Newton 등이, 역학 혁명에는 갈릴레오, 데카르트René Descartes, 하위헌스Christiaan Huygens, 뉴턴 등이, 생명과학의 변화에는 베살리우스Andreas Vesalius와 하비William Harvey 등이 크게 기여했다.

과학혁명의 시기에는 오늘날 과학의 중요한 방법으로 간주되고 있는 실험적 방법과 수학적 방법이 본격적으로 수용되기 시작했으며, 그것의 철학적 배경이 되는 베이컨주의나 기계적 철학이 융성했다. 이전과 달리 인위적인 실험이 자연의 비밀을 잘 드러내는 것으로 간주되었고, 수학이 단순한 도구를 넘어 자연의 실재를 표상한다는 믿음이 생겨났다. 이와 함께 아리스토텔레스의 방법론에 대한 비판이 본격화되는 가운데 프란시스 베이컨Francis Bacon은 새로운 사실의 수집에 입각한 귀납적 방법을 제창했으며, 데카르트는 물질과 운동으로 모든 자연 현상을 설명하려는 기계적 철학을 선보였다.

활동의 측면에서는 '과학자scientist'[4]라고 부를 만한 사람들이 속속 등장하는 가운데 대학 이외에 과학을 수행하는 공간으로 각종 과학 단체들이 출현했다. 이전의 학자들은 과학 이외에도 수많은 분야를 탐구했지만, 과학혁명의 시기가 되면 과학을 주로 하는 사람들이 많아졌다. 이와 함께 16~17세기에는 과학 단체의 출현으로 새로운 과학 활동이 조직되기 시작했다. 1660년에 설립된 영국의 왕립학회Royal Society와 1666년에 설립된 프랑스의 과학아카데미Académiee des Sciences는 그 대표적인 예이다.

과학혁명을 통해 과학의 지위에도 상당한 변화가 있었다. 과학은 오랫동안 철학의 일부분으로 수행되어 왔지만, 17세기 이후에

〈그림 1〉 프란시스 베이컨이 기획했던 『위대한 부활』의 표지. 파도 밑에는 "많은 사람이 여기로 넘어가고 지식은 증가한다"는 라틴어 글귀가 새겨져 있다. 원래 베이컨은 『위대한 부활』을 6권으로 발간할 계획이었지만, 『학문의 진보』와 『신기관Novum Organum』을 완성하는 것에 그쳤다.

는 독자적인 분과 학문으로 자리를 잡기 시작했다. 더 나아가 18세기 유럽 사회는 뉴턴 과학을 그 시대가 지닌 근대성modernity의 상징으로 여겼다. 기존의 시대가 미신과 독단에 젖어 있었다면 새로운 시대는 과학적이고 합리적인 정신으로 무장되었다는 것이다. '과학적'이라고 하면 옳고 믿을 만한 것을 지칭하는 데 반해 '비과학적'이라고 하면 잘못되고 서툰 것을 뜻하게 된 것도 과학혁명의 영향이라 할 수 있다.

갈릴레오가 망원경으로 본 것은?[5]

1609년에 갈릴레오는 자신이 만든 망원경으로 하늘을 관찰했다. 이를 통해 그는 태양에 흑점이 있고, 달의 표면이 울퉁불퉁하고, 목성에도 네 개의 위성이 있으며, 지구에서 보이는 금성의 모양과 크기가 변한다는 점 등을 알아냈다. 이러한 관찰을 바탕으로 갈릴레오는 1610년에 『별의 전령Sidereus Nuncius』이란 책자를 출간하여 태양중심설의 적합성을 선전했다.

갈릴레오는 처세술에 능한 사람이었다. 그는 목성을 도는 네 개의 위성에 '메디치의 별Medician stars'이라는 이름을 붙였다. 메디치 가문은 15세기 초부터 피렌체 공국을 통치하고 있었으며, 코시모 1세는 1537년에 피렌체 공작이 된 후 1569년에 토스카나 대공大公의 지위에 올랐다. 1609년에는 그의 뒤를 이어 코시모 2세가 토스카나 대공이 되었는데, 갈릴레오는 『별의 전령』을 코시모 2세에게 헌정했다. 그 책에서 코시모Cosimo는 우주cosmos에 연결되었고, 코시모 1세는 신들의 아버지인 주피터Jupiter, 그리스 신화의 제우스에 비유되었다. 이와 함께 코시모 1세의 미덕이 네 개의 위성을 통해 세상에 널리 퍼진다는 설명도 덧붙여졌는데, 흥미롭게도 코시모 2세를 포함한 코시모 1세의 자식들은 위성의 수와 마찬가지로 네 명이었다.

이렇게 아부하는 과학자를 마다할 권력가가 있겠는가? 코시모 2세는 1610년 가을에 갈릴레오를 '대공의 철학자 겸 수학자'로 임명했다. 요컨대 갈릴레오는 자신이 발견한 별에 유력한 군주의 가문을 연결시킴으로써 궁정인courtier이 되는 데 성공했던 것이다.

그렇다면 갈릴레오는 왜 궁정인이 되려고 했을까? 쉽게 생각할 수 있는 대답은 경제적인 측면에서 찾을 수 있다. 당시에 대학 교수가 받는 보수는 그리 많지 않았다. 특히, 수학 교수의 보수는 더욱 적어서 부업으로 컴퍼스와 같은 기구를 만들어 팔거나 학생들에 대한 개인 교습을 하는 경우가 많았다. 갈릴레오도 군사학, 기계학, 천문학 등에 관한 개인 교습과 기구 제작으로 경제적 수입을 보충했고, 심지어 자신의 집에 학생들을 하숙시키기도 했다. 갈릴레오는 이와 같은 하찮은 일에 자신의 시간을 소모하는 것을 달가워하지 않았다. 따라서 연구에 필요한 시간을 보장해 주면서 동시에 경제적인 여유를 제공해 줄 수 있는 궁정인은 매우 매력적인 목표가 될 수 있었다. 실제로 갈릴레오는 대공의 철학자 겸 수학자로 임명된 후에 별도로 교육을 할 의무를 가지지 않으면서도 궁정의 고관들에게나 주어지는 높은 연봉을 받을 수 있었다.

이보다 더욱 중요한 이유는 학문적 지위의 상승에서 찾을 수 있다. 여기서 우리는 갈릴레오의 지위가 파도바 대학의 '수학' 교수에서 대공의 '철학자' 겸 수학자로 바뀌었다는 점에 주목할 필요가 있다. 당시에는 교수 사이에도 서열이 존재하여 철학 교수는 수학 교수보다 학문적으로 높은 지위를 누리고 있었다. 철학 교수에게는 현상의 본질과 원인을 탐구할 수 있는 자격이 주어졌던 반면, 수학 교수는 단지 현상을 정확히 서술하는 일을 맡았던 것이다. 이에 따라 수학 교수가 자연 현상의 원인에 대해 왈가왈부하는 것은 학계의 규범을 어기는 일에 해당했다. 그것은 갈릴레오에게 심각한 문제가 되었다. 코페르니쿠스의 우주론에 대해 논의하는 것은 철학자들의 학문 영역이었기 때문이다. 갈릴레오가 새로운 우주론에 대해 자유롭게 논의하기 위해서는 이러한 학문의 위계를 넘어설 수 있는 자원이 필요했다. 갈릴레오는 그것을 메디치 가문에서 찾았던 것이다.

포유류는 왜 포유류라고 불리게 되었는가?[6]

린네Carl von Linné는 '분류학의 아버지'라 불리는 사람으로 18세기에 이명법binominal nomenclature으로 불리는 동식물 명명법을 고안했다. 그는 새로운 분류학 체계를 마련하면서 고래, 말, 원숭이, 인간

등의 동물이 새끼를 낳아 젖을 먹여 기르는 특징을 공통적으로 가졌다고 해서 '포유류哺乳類, mammal'라는 이름을 붙였다. 이것은 얼핏 보면 자연적인 사실에 기초한 이름이라고 볼 수 있다. 하지만 조류, 양서류, 어류 등은 신체적 특징이나 서식지를 기준으로 삼았는데 반해 왜 하필이면 인간을 포함한 포유류의 경우에만 생식 기능을 강조했을까? 유명한 여성 과학사학자인 쉬빈저Londa Schiebinger는 「포유류는 왜 포유류라고 불리게 되었는가?Why Mammals Are Called Mammals?」라는 논문에서 이와 같은 흥미로운 질문을 던지면서 다음과 같은 논지를 전개하고 있다.

포유류가 새끼를 젖으로 기르는 것은 분명히 사실이지만, 엄밀하게 말하자면 수유授乳는 포유류에 속하는 동물 중에서 암컷만의 기능이고 그것도 암컷의 일생 중에서 극히 짧은 기간에만 가지는 특징이라 할 수 있다. 더구나 포유류는 수유 기능 이외에도 심장 구조가 2심방 2심실이라든지, 온몸에 털이 있다든지, 네 발을 가지고 있다든지 등과 같은 다른 공통점도 가지고 있다. 당시의 분류학자들은 대부분 아리스토텔레스를 따라 네 발 달린 동물이란 뜻을 가진 '쿠아드루페디아Quadrupedia'라는 용어를 썼고, 린네도 초기에는 이 단어를 그대로 사용했다.

그렇다면 린네는 왜 포유류에 대한 이름을 지으면서 포유류의 절반에만 해당하고 그것도 한시적인 특징에 불과한 수유 기능을 기준으로 삼았을까? 이 질문에 대한 대답은 린네가 살았던 18세기의 사회 분위기와 밀접한 관련이 있다. 18세기의 유럽 사회에서는 여권에 대한 담론이 확산되기 시작하면서 상류층 여성들이 아이를 유모에게 맡기고 사교 활동에 전념하거나 일부 급진적인 여성들은 아예 아이를 낳지 않으려는 경향이 강했다. 반면 당시의 지배 집단은 적정한 수의 아이들이 있어야 미래의 노동력과 군사력을 보장받을 수 있다고 믿었다. 국가의 장래를 위해 지배 집단은 출산과 육아의 중요성을 강조함으로써 여성들을 가정에 제한하려고 했으며, 린네도 이러한 취지에 적극적으로 동조했다. 실제로 린네의 부인은 일곱 명의 자녀를 낳아 모든 자녀를 모유로 키워냈다. 이러한 사고방식으로 인하여 린네는 자신의 분류체계를 만들면서 포유류라는 개념을 도입했다는 것이다.

산소는 누가 발견했는가?[7]

근대 화학의 체계는 18세기 프랑스 과학자인 라부아지에Antoine Lavoisier에 의해 정립된 것으로 평가된다. 그는 연소나 하소에 대한 설명으로 플로지스톤 이론phlogiston theory 대신에 산소 이론oxygen theory of combustion을 제안했다. 또한 그는 물질 보존의 법칙으로 상징되는 정량적 방법을 중시했으며, 화합물의 이름을 그것의 구성 성분으로 나타내는 명명법을 제안했다. 그밖에 연금술 대신에 화학이란 용어를 부각시키면서 새로운 화학의 정착에 필요한 교과서를 쓰고 학술지를 만든 사람도 라부아지에였다.

공기 중에서 물질이 열을 받아 연소하는 현상은 화학반응 중에서 가장 두드러진 것이다. 그것은 18세기 중엽까지 플로지스톤 이론을 통해 설명되었다. 기름이나 나무와 같은 가연성 물질은 모두 플로지스톤을 포함하고 있고 그것이 연소될 때 플로지스톤이 빠져 나오게 된다는 것이었다. 그 이론은 연소뿐만 아니라 금속이 녹스는 현상도 금속에서 플로지스톤이 빠져나오는 것으로 설명했다. 일상적인 경험에 비추어 보면 플로지스톤 이론도 그럴듯해 보인다. 나무나 석탄이 타고나면 원래의 물질은 거의 없어지고 재만 남기 때문에 무언가가 빠져나가는 것으로 생각하기 쉽다.

라부아지에는 1772년에 생성되는 기체의 무게까지 고려한 정밀한 실험을 통해 금속이 하소하거나 비금속 물질이 연소할 때 무게가 증가한다는 사실을 밝혀냈다. 다음 해에는 수은을 가열하여 수은의 금속재를 만드는 실험을 통해 그 과정에서 수은이 공기의 특정한 부분과 결합한다는 사실을 알아냈다. 라부아지에는 자신의 발견을 매우 흥미롭게 여겼지만, 실험 결과를 깔끔하게 해석하는 것은 쉽지 않았다. 연소 및 하소가 공기의 특정한 부분과 결합하는 현상인 것은 분명한 데 그 특정한 공기가 무엇인지 알 수 없었던 것이다.

그러던 중 1774년에는 영국의 과학자인 프리스틀리Joseph Priestley가 파리를 방문하여 자신이 발견한 새로운 공기에 대해 이야기해 주었다. 프리스틀리는 라부아지에와는 정반대의 실험을 수행했다. 즉 수은의 금속재를 매우 높은 온도로 가열하여 수은 금속과 새로운 공기를 얻어냈던 것이다(오늘날의 화학방정식으로 표현하면 $2HgO \rightarrow 2Hg + O_2$가 된다). 프리스틀리는 자신의 실험을 플로지스톤 이론을 통해 설명했다. 수은 금속재가 공기 중에 있던 플로지스톤을 흡수해서 수은이 되었다는 것이다. 그렇다면 새로운 공기는 전체 공기 중에서 플로지스톤이 빠져나가고 남은 부분이 될 것이고, 따라서 프리스틀리는 새로운 공기를 '플로지스톤이 없는 공기dephlogisticated air'라고 불렀다.

라부아지에는 플로지스톤이 없는 공기가 자신이 찾던 새로운 기체라는 점을 알게 되었고 실험을 통해 이를 입증했다. 그 후 라부아지에는 그 기체가 비금속 물질과 반응해서 산acid을 만든다는 사실을 확인했으며, 1777년 논문에서 '산을 만드는 원리'라는 뜻을 가진 '산소酸素'라는 용어를 사용했다. 이렇게 해서 연소와 하소는 물질이 플로지스톤을 내놓는 과정이 아니라 산소와 결합하는 현상이 되었다. 새로운 연소이론이 만들어진 과정은 참으로 흥미롭다. 라부아지에와 프리스틀리는 동일한 종류의 실험을 전혀 다른 방식으로 해석했던 것이다.

이러한 점은 1981년 노벨 화학상 수상자인 호프만Roald Hoffmann과 '피임약의 아버지'로 불리는 제라시Carl Djerassi가 만든 「산소」라는 연극에서 부각된 바 있다. 우리나라에서도 몇 차례 공연된 바 있는 「산소」는 노벨상 위원회에서 과거의 뛰어난 발견에 대해 '거꾸로 노벨상'을 주기로 하면서 그 후보를 찾아나서는 것에서 시작된다. 위원회는 산소를 발견한 사람에게 노벨상을 주기로 합의를 봤지만 그 이후가 문제였다. 1772년에 산소불의 공기를 처음으로 분리해 낸 스웨덴의 셸레Carl Wilhelm Scheele, 1775년에 산소플로지스톤이 없는 공기에 관한 논문을 처음으로 발표한 영국의 프리스틀리, 오늘날 우리가 알고 있는 산소의 정체를 밝혀낸 프랑스의 라부아지에가 후보로 올랐던 것이다. 「산소」는 세 명의 과학자 중 누구에게 산소 발견의 영예를 안겨주어야 하는지에 대해 묻고 있다. 그 질문은 발견이란 과연 무엇인가에 대한 철학적인 논쟁으로 이어진다. 이와 함께 「산소」는 자신이 속한 국가의 과학자가 상을 타기를 바라는 심사위원들 사이의 암투를 그리고 있으며, 세 과학자의 부인이나 여성 동료를 등장시켜 남성 중심의 과학에 대한 문제도 제기하고 있다.

진화의 메커니즘을 찾아서[8]

18세기 이후에는 진화에 대한 관념이 무르익으면서 생물학의 변화를 예고했다. 여행과 탐험이 빈번해지면서 새로운 종들이 계속해서 발견되어 기존의 분류체계로는 감당하기 어렵게 되었다. 게다가 한 종과 다른 종의 중간에 해당하거나 어느 종에도 속하지 않는 잡종의 문제가 등장하면서 종이 변화할 수 있다는 생각이 가능해졌다. 또한 18세기 후반부터 생물체의 화석들이 발견되기 시작하면서 화석의 종과 현재의 종 사이의 차이가 크다는 점이 알려졌고, 그것은 시간이 지남에 따라 종이 변화한다는 생각을 더욱 강화시켰다. 아울러 19세기 초에 독자적인 과학 분야로 자리 잡은 지질학은 지표면이 변화하여 온 시간이 매우 길다는 점을 부각시킴으로써 종의 변화라는 관념을 수용하기 쉽게 했다.

다윈Charles Darwin은 이러한 상황에서 과학 활동을 시작했다. 그는 1831~1836년에 비글호 항해를 하면서 화석으로만 보던 동물들을 실제로 관찰할 수 있었고 지역에 따라서 같은 종들이 차이가 나는 것도 보았다. 이를 통해 그는 종이 시간과 장소에 따라 달라진다는 점을 확신하면서 종의 진화를 사실로 받아들였다. 다윈에게 더욱 중요한 것은 갈라파고스 군도를 여행하면서 관찰한 내용이었다. 기후와 토양 등의 환경이 비슷한 섬에서도 다른 종류의 동물과 식물이 서식하고 있었던 것이다. 그렇다면 진화는 환경에 의해 기계적으로 정해지는 것이 아니라 생물체가 어떻게 '적응'하느냐에 따라 달라지는 것이다.

다윈은 진화의 메커니즘을 찾기 위한 단서를 원예가와 동식물 사육가들의 경험에서 찾았다. 그들은 자신들이 기르는 동식물 중에서 원하는 성질을 지닌 것들만을 선택해서 번식시킴으로써 품종을 개량하는 일을 하고 있었다. 즉, 인위선택artificial selection을 통하여 인간의 필요에 적응하는 품종 쪽으로 종의 진화를 이루어 낸 것이었다. 다윈은 이와 같은 인위선택에 대한 유비analogy로 진화의 메커니즘이 '자연선택natural selection'에 있다는 점에 주목했다. 하지만 자연세계에는 인간 사회와 달리 특정한 목적에 따라 종을 선택하는 사육사가 존재하지 않는다. 이제 다윈에게는 자연세계에서 종의 선택이 어떻게 일어나는지를 설명하는 문제가 남았다.

다윈은 그 문제를 풀 수 있는 실마리를 맬서스Thomas Malthus의 『인구론』에서 찾았다. 다윈은 1838년 10월에 『인구론』을 "흥미 삼아" 읽었다고 했지만, 당시에는 일반적인 지식인은 물론이고 과학자들도 정치경제 사상에 상당한 관심을 기울이고 있었다. 맬서스는 인간 사회의 생존경쟁이 점점 치열해지고 있으며 이러한 환경에 잘 적응하는 사람만이 살아남는다고 주장했다. 이러한 맬서스의 주장 덕분에 다윈은 진화의 메커니즘으로 경쟁의 중요성을 인

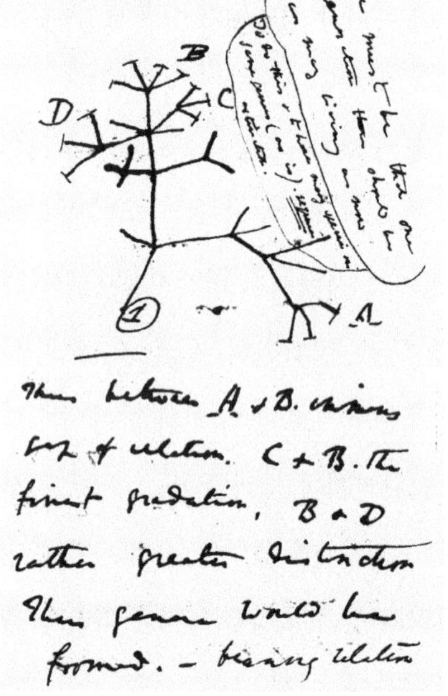

〈그림 2〉 진화에 대한 다윈의 첫 번째 스케치(1837년). 다윈이 종의 진화를 '생명의 나무tree of life'로 이해했다는 점을 잘 보여준다.

식할 수 있었다. 즉, 경쟁이 특정한 종의 여러 개체 중에서 환경에 잘 적응하는 성질을 가진 것만이 살아남게 하는 선택의 수단으로 작용한다는 것이었다.

더 나아가 다윈은 맬서스가 『인구론』에서 논의하고 있는 인간이라는 하나의 종 내부의 경쟁을 같은 지역 내에 존재하는 여러 종들 사이의 경쟁으로 확장했다. 즉, 생존경쟁에서 살아남은 종들은 세대를 거듭하여 진화하게 되고, 그렇지 못한 종들은 멸종하게 된다는 것이었다. 기후나 풍토 등의 자연 환경이 거의 비슷한 갈라파고스 군도의 다른 섬들에서 상이한 동식물 분포가 나타나는 것도 종들 사이의 경쟁에 의해서 설명될 수 있었다. 이런 식으로 다윈은 진화의 메커니즘이 생존경쟁에 의한 자연선택에 있다는 점을 알 수 있었다.

원자탄과 과학자의 사회적 책임

원자탄의 개발과 투하는 과학자의 사회적 책임에 관한 논의가 본격적으로 이루어지는 계기를 제공했다.[9] 원자탄을 둘러싼 과학자들의 행동 방식은 매우 다양했다. 나치를 피해 미국으로 망명했던 실라르드Leó Szilárd는 1939년에 아인슈타인Albert Einstein과 함께 루스벨트 대통령에게 편지를 보내 맨해튼 계획이 추진되는 데 산파역을 담당했다. 그러나 독일이 원자탄 제조를 사실상 포기했다는 소식이 전해지자 1945년 여름에 프랑크James Franck를 비롯한 시카고 대학교의 과학자들을 결집하여 원자탄 투하를 반대하는 운동을 벌였다.

독일의 우라늄 클럽에서 활동했던 하이젠베르크Werner Heisenberg는 원자탄 연구에 대해 일종의 지연작전을 전개했다고 주장한 바 있다. 나치가 원자탄을 보유하게 되면 어떤 불상사가 발생할지 모르기 때문에 고의적으로 태업을 벌였다는 것이다. 물론 이러한 견해를 액면 그대로 수용하기는 어렵지만, 그의 회고록인 『부분과 전체』에는 인간적 과학에 대한 하이젠베르크의 문제의식이 잘 드러나 있다. 과학자는 제한된 영역 안에서 부분적인 진리를 탐구하는 위치에 놓여 있지만, 인간적 과학을 위해서는 전체를 보는 역사 의식과 사회 의식을 가져야 한다는 것이었다.

원자탄과 관련된 과학자의 목록은 계속해서 이어질 수 있다. 1938년에 핵분열 현상을 발견했던 한Otto Hahn은 자신의 발견으로 수많은 사람들이 사망하는 결과가 발생했다는 사실에 크게 괴로워했다. 사이클로트론의 개발자로 맨해튼 계획의 출범에 기여했던 로렌스Ernst Lawrence는 원자탄이 전쟁을 조기에 종료시켜 희생자를 줄였다고 주장했다. 미국의 원자탄 독점이 야기할 문제점을 곰곰이 생각했던 푹스Klaus Fuchs는 1944년부터 소련에 맨해튼 계획의 내용을 보고하는 스파이 노릇을 했다. 맨해튼 계획의 과학기술 부분 책임자였던 오펜하이머Robert Oppenheimer는 나중에 수소폭탄 개발에 반대함으로써 공산주의자라는 누명을 쓰고 공직에서 물러나야 했다. 이에 반해 오펜하이머의 경쟁자였던 텔러Edward Teller는 1950년대에 수소폭탄의 개발을 추진하면서 "과학에서 중요한 것은 할 수 있는 일을 하는 것"이라고 주장했다.

이처럼 원자탄은 과학자의 사회적 책임을 중요한 화두로 만들었다. 옛날의 과학자들은 자신이 수행하고 있는 연구가 사회적 책임과 어떤 관련성이 있는지 심각하게 생각하지 않았다. 그러나 원자탄을 둘러싼 연구 활동은 엄청나게 큰 위험과 연계되어 있었으며, 이에 따라 과학자들이 사회적 책임이라는 문제로부터 회피하는 것이 거의 불가능해졌다. 과학자들의 사고방식과 행동 패턴은 개인별로 상당한 차이를 보였지만, 어떤 식으로든 원자탄에 대한 자신의 입장을 밝혀야 하고 이에 대해 다른 사람의 평가를 받아야 한다는 점은 이전과는 크게 다른 것이었다. 만약 내가 1945년 부근에 활동한 과학자였다면 원자탄에 대해 어떤 입장을 취했을까?

독일이 원자탄 개발에 성공하지 못한 까닭

나치가 원자탄을 개발하지 못한 이유에 대해서는 여러 가지 상반된 견해가 제기되었다. 앞서 언급했듯이, 하이젠베르크는 그 이유를 양심적인 독일 과학자들의 지연작전에서 찾고 있지만, 이를 액면 그대로 받아들이기에는 무리가 있다. 이보다 더욱 수긍이 가는 이유로는 다음의 세 가지를 들 수 있다. 첫째, 많은 과학자들의 망명으로 연구 역량이 크게 약해진 상태에서 독일이 원자탄 개발이라는 대규모 연구를 수행하기 어려웠다. 둘째, 독일의 연구팀은 이론물리학자들이 주도했기 때문에 우라늄 연구가 실험실 수준에 머물렀고 그것을 산업적·군사적 수준으로 발전시킬 수 없었다. 셋째, 1942년만 해도 독일이 전쟁에서 유리한 상황에 있었기 때문에 별도의 대규모 투자가 요구되는 원자탄 개발에 적극적인 자세를 보이지 않았다.

사실상 하이젠베르크는 원자탄을 만드는 것을 원하지도 반대하지도 않았다고 볼 수 있다. 그는 원자탄 제조에는 엄청난 물적 · 인적 자원이 필요하기 때문에 우선 원자로 연구에 몰두하는 것이 좋겠다고 판단했고, 전쟁장관으로부터 이를 승인받았다. 원자로 연구를 통해 우라늄 연쇄반응에 성공한 후에 무엇을 할 것인가는 나중에 결정할 문제였던 것이다. 제2차 세계대전은 독일 연구팀이 연쇄반응에 성공하기 전에 끝이 났고, 하이젠베르크로서는 그 후에 무엇을 연구할 것인가 하는 골치 아픈 고민거리가 없어졌다. 어쩌면 하이젠베르크가 그러한 상황을 기대했을지도 모른다.

노벨상과 여성과학자

마지막 아홉 번째로 다룰 사례는 하나의 사진에서 출발해 보자.

〈그림 3〉의 사진은 1927년에 개최된 제5차 솔베이 회의 때 촬영된 것이다. 이 사진에는 아인슈타인을 비롯하여 현대 물리학을 만들었던 29명의 기라성 같은 과학자들이 등장하고 있다. 그

중 17명이 노벨 물리학상 수상자라는 점에서 이 사진은 상당한 주목을 받아 왔다. 그런데 이 사진은 다른 각도에서도 볼 수도 있다. 29명의 과학자 중에서 여성은 마리 퀴리Marie Curie가 유일하다. 그동안의 과학이 남성 중심적으로 이루어져 왔다는 점은 이 사진 한 장으로도 명확히 드러나는 것이다.

마리 퀴리는 역사상 최초로 노벨상을 두 번이나 받은 사람이다. 그녀는 방사능 연구를 통해 라듐과 폴로늄을 발견한 공로로 1903년 노벨 물리학상을 수상했고, 1911년에는 금속 라듐을 순수하게 추출한 공로로 노벨 화학상을 받았다. 마리 퀴리는 1911년에 과학아카데미에 입후보했지만 고배를 마셨으며, 그 이후로는 과학아카데미 회원 선거에 출마하지 않았다. 프랑스의 과학아카데미는

〈그림 3〉 1927년에 개최된 제5차 솔베이 회의 때의 사진.

1979년부터, 영국의 왕립학회는 1945년부터 여성 회원을 선출하기 시작했다.

마리 퀴리 이외에도 20세기에 노벨상을 받은 여성 과학자로는 9명이 더 있다. 노벨 물리학상 수상자로는 마리아 마이어Maria Mayer가 있고, 노벨 화학상 수상자로는 이렌 퀴리Irène Curie와 도로시 호지킨Dorothy Hodgkin이 있다. 노벨 생리의학상 수상자가 6명으로 가장 많은데, 여기에는 거티 코리Gerty Cory, 로잘린 앨로Rosalyn Yalow, 바바라 맥클린톡Barbara MacClintock, 리타 레비 몬탈치니Rita Levi-Montalcini, 거트루드 엘리언Gertrude Elion, 크리스티안네 뉘슬라인 폴하르트Christiane Nüsslein-Volhard가 포함된다. 노벨상을 받을 만한 자격이 충분한데도 수상의 영예를 누리지 못한 여성으로는 리제 마이트너Lise Meitner, 우젠슝Chien-Shiung Wu, 로잘린드 프랭클린Rosalind Franklin 등이 거론된다.[10]

21세기에 들어서는 노벨상을 수상하는 여성들이 더욱 늘어나고 있다. 2015년을 기준으로 해도 6명의 여성이 노벨 과학상을 받았다. 린다 벅Linda Buck은 냄새 수용체와 후각 시스템의 구조에 관한 연구로 2004년 노벨 생리의학상을 수상했으며, 프랑수아 바레시누시Françoise Barré-Sinoussi는 AIDS를 유발하는 바이러스를 발견한 공로로 2008년 노벨 생리의학상을 받았다. 흥미롭게도 2009년에는 노벨 과학상을 수상한 여성이 3명이나 배출되었다. 요나스

〈표 1〉 20세기에 노벨 과학상을 받은 여성들

구분	년도	수상자	업적
노벨 물리학상	1903	마리 퀴리	방사능 연구
	1963	마리아 마이어	원자핵 구조의 이론에 관한 연구
노벨 화학상	1911	마리 퀴리	라듐 분리
	1835	이렌 퀴리	인공방사성 원소 연구
	1964	도로시 호지킨	X선에 의한 생화학 물질 구조 규명
노벨 생리의학상	1947	거티 코리	글리코겐의 촉매 변환 과정 발견
	1977	로잘린 앨로	펩티드 호르몬의 방사면역 검정 방법 개발
	1983	바바라 맥클린톡	옥수수의 반점 연구를 통한 움직이는 유전자 발견
	1986	리타 레비 몬탈치니	세포 및 기관의 성장인자 발견
	1988	거트루드 엘리언	암과 심장병 등 만성질환 치료약물 개발
	1995	크리스티안네 뉘슬라인 폴하르트	배아 발생의 유전자 조절에 관한 연구

Ada Yonath는 리보솜의 구조와 기능에 관한 연구로 노벨 화학상을 받았고, 엘리자베스 블랙번Elizabeth Blackburn과 캐럴 그라이더Carol Greider는 텔로미어와 텔로머라제 효소의 염색체 보호 메커니즘을 발견한 공로로 노벨 생리의학상을 수상했다. 가장 최근인 2015년에는 중국의 여성 과학자인 투유유屠呦呦가 개똥쑥에서 말라리아 특효약을 개발한 공로로 노벨 생리의학상을 받았다.

2

과학의 가치와 목적

당신이 과학자로 처신할 때 거짓말하지 않는 것 이상으로, 즉 약점까지도 모두 말할 때 과학적 진실성scientific integrity을 얻을 수 있다. 이것은 우리 과학자들의 의무이다. 나는 과학자뿐만 아니라 일반 사람들도 이것을 지켜야 한다고 믿는다.

리처드 파인만(2000, 267)

과학science은 일반적으로 자연과학을 지칭한다. 자연 현상에 대한 탐구는 오랫동안 자연철학natural philosophy이란 이름하에 전개되었고, 근대 사회에 들어서야 과학이란 용어가 널리 사용되기 시작했다. 그 후 과학은 매우 인상적인 성취를 보이면서 다른 학문의 본보기로 작용해 왔다. 그것은 자연과학 이외에 사회과학 혹은 인문과학

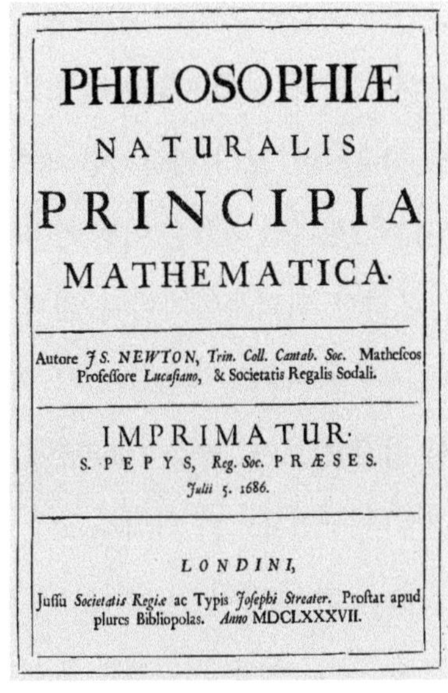

PHILOSOPHIÆ
NATURALIS
PRINCIPIA
MATHEMATICA.

Autore *J S. NEWTON*, *Trin. Coll. Cantab. Soc.* Matheſeos Profeſſore *Lucaſiano*, & Societatis Regalis Sodali.

IMPRIMATUR.
S. PEPYS, *Reg. Soc.* PRÆSES.
Julii 5. 1686.

LONDINI,

Juſſu *Societatis Regiæ* ac Typis *Joſephi Streater.* Proſtat apud plures Bibliopolas. *Anno* MDCLXXXVII.

〈그림 4〉 1687년에 발간된 뉴턴의 『프린키피아』. 책의 전체 제목은 '자연철학의 수학적 원리 Philosophiae Naturalis Principia Mathematica'이다.

에도 '과학'이란 용어가 사용되고 있다는 점에서도 확인할 수 있다. 과학이 어떤 가치와 목적을 가지고 있기에 이러한 일이 벌어지고 있는 것일까?

과학의 가치

우리가 과학에 대해 논의하는 것은 과학이 그만큼 가치가 있기 때문이다. 과학의 가치는 과학자들이 과학 활동을 수행하는 철학적 토대가 되고, 과학교육의 필요성이나 당위성을 정당화하는 근거로 작용하며, 보다 바람직한 과학 실천을 모색하기 위한 기초가 된다. 그렇다면 과학은 어떤 가치를 가지고 있는가?

유명한 과학사학자이자 과학철학자로 『과학혁명의 구조The Structure of Scientific Revolutions』의 저자인 쿤Thomas S. Kuhn의 논의에서 시작해 보자.[1] 쿤은 1969년에 작성한 「후기Postscript」에서 패러다임의 구성요소로 가치values에 주목하면서 과학자 사회scientific community가 공유하는 가치로 정확성accuracy, 일관성consistency, 단순성simplicity 등을 거론했다(쿤 2013, 307~308). 이어 그는 1977년에 발표한 논문 「객관성, 가치 판단, 그리고 이론 선택」에서 좋은 과학 이론의 기준으로 정확성, 일관성, 범위scope, 단순성, 다산성

fruitfulness 등의 5가지를 제안한 바 있다(Kuhn 1977; 조인래 편역 1997, 301~302).

첫째, 이론은 정확해야 한다. 즉 이론으로부터 연역되는 결과가 현존하는 실험 결과나 관찰 결과와 일치해야 한다. 둘째, 이론은 일관되어야 한다. 즉 이론 내적으로도 그렇고 그 이론과 관련성이 있으면서 일반적으로 받아들여지고 있는 다른 이론들과도 일관성을 가져야 한다. 셋째, 이론은 그 적용 범위가 광범위해야 하는 바, 특히 이론의 결과는 애초에 설명하고자 했던 특정 관찰 결과나 법칙, 하위 이론들을 뛰어넘어서 확장되어야 한다. 넷째, 이론은 단순해야 한다. 그래서 그 이론이 발견되지 않았다면 개별적으로 고립되거나 혼란스러웠을 현상들을 질서정연하게 정리할 수 있어야 한다. 다섯째, 이론은 새로운 연구 결과를 생산할 수 있어야 하는 바, 새로운 현상을 발견하거나 이미 알려진 현상들 간의 미처 알려지지 않은 관계들을 발견해야 한다.

이에 대해 과학기술인류학자인 헤스David J. Hess는 기존의 과학철학에서 논의된 이론 선택의 기준은 과학 내적인 기준에 해당하며, 과학 이론이 사회적으로 얼마나 유용한가, 다른 이론에 비해 사회적 편향을 얼마나 줄이고 있는가 등과 같은 사회적 기준도 중요하게 고려되어야 한다고 주장하고 있다(헤스 2004, 102).

과학의 가치에 가장 많은 관심을 보인 집단은 과학교육학자들이라 할 수 있다. 과학교육학자들은 과학교육의 필요성과 당위성을 부각시키기 위해 과학의 가치를 진술해 왔던 것이다. 그중에서 몇 가지 중요한 견해를 살펴보면 다음과 같다(조희형·박승재 2001, 51~54).

카린A. Carin은 미국과학진흥협회American Association for the Advancement of Science, AAAS가 과학의 가치로 제안한 내용을 다음과 같이 정리하고 있다. 첫째, 자연세계를 알고 이해하려는 호기심에서 과학을 학습하거나 연구하게 한다. 둘째, 증거를 중시하고 그것을 바탕으로 결론을 내리게 한다. 셋째, 자신이 내린 결론과 주장에 대해서도 의심하는 마음을 갖게 한다. 넷째, 어떤 증거도 결정적인 검증의 바탕이 될 수 없다는 점을 보여준다. 다섯째, 다른 사람들과 협력하여 학습하고 연구해야 효과적이라는 점을 알려준다. 여섯째, 실패가 과학적 탐구의 자연스러운 결과임을 보여준다.

마틴Ralph Martin 등은 미국의 전국교육협회National Education Association, NEA가 제안한 과학의 가치를 다음과 같이 소개하고 있다. 첫째, 알고 이해하고자 하는 열망을 갖는다. 둘째, 모든 것을 질문한다. 셋째, 자료와 그 의미를 추구한다. 넷째, 경험적 증거를 요구한다. 다섯째, 논리를 존중한다. 여섯째, 전제와 결과를 재고再考한다. 여기서 과학이 확실히 검증가능하거나 순수하게 논리적인 것은 아니지만, 과학이 경험과 논리를 중시한다는 것은 과학의 기본적 특성이라고 볼 수 있다.

아브루스카토Joseph A. Abruscato는 과학의 가치 중에서 특히 과학 교육과 관련성이 큰 것으로 진리truth, 자유liberty, 의심doubt, 독창성originality, 질서order, 의사소통communication 등 6가지를 제시하고 있다. 첫째, 과학자들은 자연에서 일어나는 현상을 서술하고 설명하며 궁극적으로는 그 현상에 대한 진리를 추구하는 데 전념한다. 둘째, 자유롭고 자율적인 사고가 보장되는 분위기나 상황 속에서 과학이 융성하고 발달할 수 있다. 셋째, 과학의 산물은 자연세계에 대한 의심이나 의문을 풀기 위한 탐구 활동의 결과이다. 넷째, 과학자들의 독창적인 사고와 노력이 없이는 과학이 결코 진보할 수 없다. 다섯째, 과학자들은 자연의 질서를 가정하고 그에 따라 정보를 수집하고 조직하여 과학 지식을 구성한다. 여섯째, 과학은 다른 과학자들이 이룬 업적과 그에 대한 이해가 없이는 그 발달이 제한될 수밖에 없다.

그밖에 과학윤리학자인 레스닉David B. Resnik이 제시한 12가지 원칙도 과학의 가치에 대한 논의로 볼 수 있다(Resnik 1998, 53~73). 그는 과학 활동에서 요구되는 윤리적 행위의 원칙으로 정직honesty, 주의carefulness, 개방성openness, 자유freedom, 공로 인정credit, 교육education, 사회적 책임social responsibility, 합법성legality, 열린 기회opportunity, 상호존중mutual respect, 효율성efficiency, 실험대상에 대한 존중respect for subjects 등을 들고 있다. 레스닉은 이러한 윤리원칙을 따를 때 과학이 가장 효과적으로 작동할 수 있을 것으로 보고 있는 셈이다.[2]

과학의 목적

과학의 궁극적 목적에 대해서도 다양한 견해가 제시될 수 있다. 진리 탐구의 즐거움을 강조하는 사람도 있고, 인류 복지에 대한 기여를 거론하는 사람도 있으며, 신의 섭리에 대한 경험과 같은 종교적 이유에 주목하는 사람도 있다. 이처럼 과학의 궁극적 목적에 대해서는 통일된 의견을 찾기 어렵지만, 과학의 일차적 목적에 대해서는 대부분의 학자들이 동의하고 있다. 과학의 일차적 목적으로는 자연 현상에 대한 기술description, 설명explanation, 이해understanding, 예측 혹은 예상prediction, 통제control를 들 수 있다. 물론 이와 같은 과학의 목적이 과학의 모든 분야에서 보편적으로 적용되지는 않으며, 분야에 따라서는 몇 가지 목적만을 추구하기도 한다.

기술記述은 다양한 방법으로 수집한 자료를 바탕으로 자연 현상을 사실대로 기록하는 행위에 해당하며, 과학 지식이 형성되는 일차적인 원천으로 작용한다. 자연 현상의 기술에 필요한 자료는 소극적인 관찰이나 측정을 통해 얻어지기도 하고, 의도적인 조사와 실험을 통해 확보되기도 한다. 자료의 수집에는 종종 도구가 사용되는데, 도구를 이용해 수집한 자료는 대부분 정량적 자료로 수학적 분석이나 통계적 처리가 용이한 특징을 가지고 있다.

설명은 매우 다양한 의미를 가지고 있다. 예를 들어 단어나 문구의 뜻을 기술하는 것, 신념이나 행동을 정당화하는 것, 어떤 진술로부터 다른 진술을 도출하는 것, 어떤 대상의 기능을 해석하는 것 등이 모두 설명의 범주에 포함될 수 있다. 그러나 과학적 설명은 일반적으로 현상이나 사건에 대한 원인을 제시하는 경우를 지칭한다. 기술이 무엇이, 어디서, 언제, 어떻게 이루어지는지에 대한 질문에 답을 준다면, 설명은 '왜'에 대한 답을 주는 것이다.

설명은 사례기술적idiographic 설명과 법칙정립적nomothetic 설명으로 구분되기도 한다. 사례기술적 설명은 개별적인 사례에 대한 완전한 설명을 추구하는 반면, 법칙정립적 설명은 소수의 적절한 인과요인을 사용하여 일단의 현상에 대해 포괄적으로 설명하는 것을 지향한다. 예를 들어 한 학생의 성적이 뛰어난 원인을 조목조목 밝히는 것은 사례기술적 설명에 해당하고, 성적이 뛰어난 학생들이 가지고 있는 공통된 원인을 도출해 내는 것은 법칙정립적 설명에 해당한다.

과학적 설명에 대해 본격적으로 논의한 학자로는 헴펠Carl G.

Hempel을 들 수 있다(Hempel 1965; 1966). 그에 따르면, 과학적 설명은 설명항explanans과 피설명항explanandum으로 구성되며, 설명항에는 일단의 법칙과 설명되어야 할 사건의 상황에 관한 진술문이 포함된다. 헴펠은 과학적 설명에 대한 모형으로 제안한 것은 연역법칙적 모형deductive-nomological model, D-N 모형과 귀납통계적 모형inductive-statistical model, I-S 모형이다. 연역법칙적 모형에서 피설명항은 일반적 법칙과 초기 조건으로부터 연역적인 필연성을 가지고 추론되며, 귀납통계적 모형은 설명항에 해당하는 통계적 법칙이 문제가 되는 피설명항을 귀납적으로 지지하는 형태를 띠고 있다. 이와 같은 차이점에도 불구하고 두 모형은 모두 피설명항을 법칙하에 포섭시키는 공통점이 존재하기 때문에 헴펠의 설명 모형들은 포괄 법칙 모형covering-law model으로 불리고 있다.[3]

'공기 중에서는 곧은 젓가락이 왜 물에 들어가면 물과 공기의 경계 면에서 특정한 각도로 꺾인 것처럼 보이는가?'라는 질문은 '한 매질에서 진행하던 빛이 밀도가 다른 매질로 들어가면 그 밀도의 차이에 따라 경계면에서 특정한 각도로 꺾인다'라는 스넬의 법칙을 통해 설명할 수 있다. 이와 같은 설명은 연역법칙적 모형에 해당한다. 한편, 한 아이가 홍역에 걸렸는데, 얼마 되지 않아 동생도 홍역에 걸렸다고 하자. '왜 동생도 홍역에 걸렸느냐?'는 질문에 대해서는 '한 아이가 홍역에 걸리면 다른 아이에게 전염될 확률이 매우 높다'는 통계적 법칙으로 설명할 수 있다. 이러한 사례는 귀납통계적 모형을 보여주고 있다.

이해는 주어진 자료와 정보의 의미를 파악하거나 다른 의미와 관련짓는 과정에 해당한다. 이해의 초보적인 유형에는 제시된 자료나 정보의 의미를 바꾸지 않고 다른 형태로 표현하는 것이 있는데, 주어진 자료를 표나 그림으로 나타내는 자료 변환이 그 대표적인 예이다. 더욱 차원이 높은 이해의 유형으로는 내삽이나 외삽을 통해 포괄적인 의미를 추리해내는 것이나 새로운 정보를 기존의 지식과 통합하여 체계화하는 것 등을 들 수 있다.

경우에 따라서는 이해를 설명의 다음 단계로 보지 않고 이해와 설명을 대비시키기도 한다. 설명이 인과관계의 규명을 목적으로 한다면, 이해는 인과관계가 아닌 상관관계를 파악하는 데 주된 관심을 둔다는 것이다. 이러한 맥락에서 자연과학의 목적은 설명erklären인 반면, 인문학의 목적은 이해verstehen라고 구분하는 학자들도 있다. 자연과학은 필연적 법칙을 밝혀냄으로써 현상을 설명하고자 하지만, 인문학은 인간의 경험이나 정서에 대한 이해를 제공함으로써 타인이나 세계와 맺는 관계를 확장한다는 것이다.

과학은 몇몇 원인을 근거로 관찰이나 측정이 가능한 자연 현상을 예측할 목적으로 수행되기도 한다. 예측은 독립변인을 바탕으로 종속변인의 값을 도출하는 행위로 규정할 수 있다. 설명과 예측은 그 결론에 시간적 차이가 있을 뿐 비슷한 방식으로 이루어진다고 볼 수 있다. 설명은 결론이 이미 나타난 사건을 진술하는 반면에, 예측은 미래에 발생할 가능성이 있는 현상이나 사건을 대상으로 한다. 이와 함께 이미 일어났지만 아직 알려져 있지 않은 현상이나 사건을 설명하는 것도 예측의 일종이라 볼 수 있다.

통제는 어떤 현상이나 사건이 일어나게 하거나 일어나지 않게 하는 등 특정한 목적에 맞게 조절하는 행위를 말한다. 어떤 사건을 통제한다는 것은 그 사건에 대한 예측을 바탕으로 수행된다. 그러나 예측이 가능하다고 해서 반드시 통제가 가능한 것은 아니다. 예를 들어 태풍이나 지진과 같은 자연 현상은 예측할 수는 있지만 충분히 통제하지는 못한다. 통제는 기초과학보다는 응용과학이나 기술 분야에서 더욱 중요시되는 특징을 보이고 있다.

3

과학 지식의 체계

이론을 훌륭하게 만드는 특징은 다음과 같은 여덟 가지로 종합할 수 있다. 첫째, 좋은 이론은 선행 이론이 관찰에서 거둔 성공을 보존해야 한다. 둘째, 좋은 이론은 후속 탐구를 위한 아이디어를 생산하는 데 기여해야 한다. 셋째, 좋은 이론은 우수한 성과를 산출한 발자취track record를 가지고 있어야 한다. 넷째, 좋은 이론은 현존하는 다른 이론들과 맞물리거나 그것들을 지지해야 한다. 다섯째, 좋은 이론은 변칙 사례anomaly에 용이하게 적응할 수 있도록 매끄러워야smooth 한다. 여섯째, 좋은 이론은 내적 일관성을 가지고 있어야 한다. 일곱째, 좋은 이론은 잘 정초된 형이상학적 신념과 양립할 수 있어야 한다. 여덟째, 애매한 기준이긴 하지만, 이론은 단순할수록 유익하다.

윌리엄 뉴턴 스미스(Newton-Smith 1998, 351~360)

과학 지식은 자연을 탐구하면서 얻게 되는 산물에 해당하며, 그것의 구체적인 형태는 과학의 분야에 따라 상당한 차이를 보인다. 세부적인 과학 지식은 물리학, 화학, 생물학, 지구과학에 따라 다르고, 지구과학의 경우에도 천문학, 지질학, 기상학, 해양학 등에 따라 달라진다. 그러나 이러한 분야와는 무관하게 대부분의 과학 지식이 공통적으로 가지고 있는 요소도 존재한다. 여기에는 사실fact, 개념concept, 법칙law, 이론theory, 가설hypothesis 등이 포함된다. 이러한 요소들이 결합되어 과학 지식은 일종의 구조적 전체를 이루고 있는 것이다.

사실

사실은 사전적으로 '실제로 존재하거나 실제로 있었던 일'로 정의되고 있다. 사실은 맹목적brutal 사실과 제도적institutional 사실로 구분할 수 있다. '책상 위에 책이 한 권 있다'는 있는 그대로를 진술한 맹목적 사실이다. 제도적 사실은 사회적 가치나 제도적 규범에 따라 진술되는 것으로 '흡연은 건강에 해롭다'가 그 예가 될 수 있다.

과학적 사실은 관찰이나 실험을 통해 수집한 구체적인 산물에 해당하며, 개념, 법칙, 이론 등의 바탕이 된다. 또한 과학적 사실은 반복적인 관찰이나 실험을 통해 그 속성을 확인할 수 있는 특성을 가지고 있다. 이러한 확인을 통해 현재 사실로 받아들여지고 있는 것이 미래에는 수정되거나 폐기될 수 있다.

갈릴레오가 망원경으로 관측한 사실

갈릴레오는 1609년부터 자신이 만든 망원경으로 하늘을 관측하기 시작했다. 그는 망원경으로 다양한 사실을 알아내면서 코페르니쿠스 우주론의 적합성을 선전했다. 우선 갈릴레오는 태양에 흑점이 있으며 그것이 불규칙하게 운동한다는 사실을 알아냈고, 이를 통해 천상계가 완전하고 불변하다는 기존의 관념을 깨뜨릴 수 있었다. 태양에 이어 갈릴레오가 관찰한 대상은 달이었다. 망원경을 통해 그의 눈에 비친 달은 매끄러운 공 모양이 아닌 울퉁불퉁한 모양을 띠고 있었다. 그것은 달도 천체의 하나이기 때문에 그 표면이 매끄러워야 한다는 그때까지의 생각과 배치되는 것이었다. 그 다음에 갈릴레오의 망원경이 향한 곳은 행성이었다. 그는 목성을 관측하던 중에 4개의 위성이 목성 주위를 일정한 궤도로 회전하고 있다는 점을 발견했다. 이를 통해 코페르니쿠스의 우주론에서 유독 지구라는 행성만이 달을 위성으로 가지고 있다는 약점을 방어할 수 있었다. 코페르니쿠스 우주론에 대한 가장 직접적인 증거는 금성의 모양에 대한 관측이었다. 지구에서 보이는 금성의 모양은 초승달, 반달, 보름달 모양이 모두 가능하고 보름달 모양의 경우에 금성의 크기가 가장 작으며 반대의 경우가 가장 컸던 것이다. 이처럼 갈릴레오의 관측 결과에는 기존 이론을 반박하는 사실, 새로운 이론을 간접적으로 지지하는 사실, 새로운 이론을 강력하게 지지하는 사실 등이 포함되어 있었다.

과학적 사실의 성격은 전통적 관점과 현대적 관점에 따라 다른 의미로 해석되고 있다. 전통적 관점에서는 사실을 자연에 존재하는 실체나 자연에서 일어나고 있는 현상으로 본다. 즉, 전통적 관점에서 사실은 인간의 관찰과 무관하게 객관적으로 존재하는 것이 된다. 이에 반해 현대적 관점에서는 사실을 인간에 의해 관찰된 것에 대한 진술 혹은 언명statement으로 본다. 사실은 실체나 현상 자체가 아니라 그것들에 대한 진술에 해당하며, 관찰 행위가 매개되지 않은 사실은 존재하지 않는다는 것이다.

현대적 관점에 따르면 관찰은 감각기관과 인지구조가 결부된 일련의 과정이다. 인간은 감각기관을 이용하여 외부의 정보를 감지하는데, 이러한 과정에서 정보는 있는 그대로가 아니라 일종의 변형을 거쳐 등록된다. 또한 감각기관에 등록된 정보가 뇌에 전달되는 과정에서도 인간의 인지구조에 의해 재해석된다. 이처럼 관찰된 정보가 사실로 되는 과정을 살펴보면 관찰이 인간의 감각기관과 인지구조에 의존한다는 점을 알 수 있다.

이와 관련하여 〈그림 5〉의 뮐러-라이어 착시Müller-Lyer illusion 현상은 관찰의 감각기관 의존성을 잘 보여주는 사례로 자주 거론되고 있다. 두 선분의 길이가 같다는 사실을 알고 난 뒤에도 우리 눈에는 화살표가 안쪽으로 향하는 것이 바깥쪽으로 향하는 것보다 더 길어 보이는 것이다.

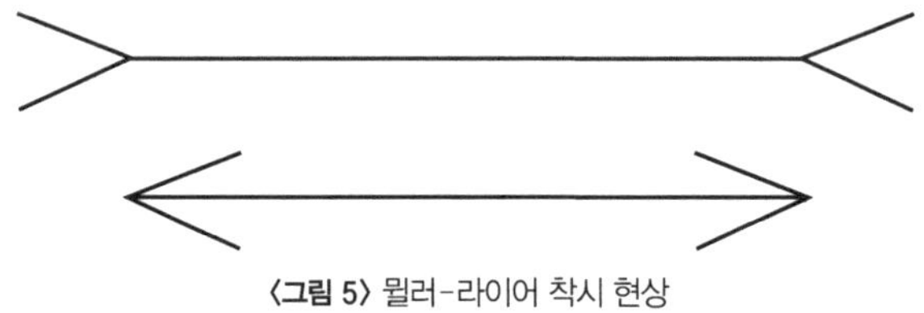

〈그림 5〉 뮐러-라이어 착시 현상

개념

개념은 사물, 현상, 사건 등에 관하여 여러 사람이 공통적으로 가지고 있는 관념이나 생각을 뜻한다. 관찰을 통해 수집된 과학적 사실들 사이에는 일련의 관계와 양상patterns이 나타나며, 그러한 관계와 양상은 개념을 통해 진술될 수 있다. 개념은 이름, 정의, 준거 속성criterial attribute, 사례 등으로 표현된다. 예를 들어, '포유동물'이 이름이라면, '새끼를 낳아 젖으로 키우는 동물'이 정의에 해당하고, 준거 속성으로는 '네 발을 가지고 있다' '털이 있다' '체온이 일정하게 유지된다' '심장 구조가 2심방 2심실이다' 등이 있으며, 사례에는 토끼, 말, 호랑이 등이 있는 것이다.

개념은 과학적 연구와 학습에서 다양한 기능을 수행한다. 첫째, 개념을 통해 사물을 체계적으로 분류할 수 있다. 둘째, 개념은 어휘를 제공하여 다른 사람과 의사소통을 가능하게 한다. 셋째, 개념은 학습자가 가지고 있는 관념을 바람직한 방향으로 변화시킬 수 있다. 넷째, 개념은 과학적 법칙이나 이론의 형성에 필요한 재료로 기능한다.

과학교육학자들은 개념을 다양한 유형으로 분류해 왔다(최경희 2005). 호워드Robert W. Howard는 개념이 형성되는 원천과 지시하는 대상에 따라 구체적 혹은 경험적 개념과 추상적 혹은 형이상학적 개념으로 구분하고 있다. 구체적 개념은 직접 경험한 것 중에서 공통된 내용을 일반화한 관념에 해당하며, 그 기능에 따라 공간 개념, 존재 개념, 구조 개념으로 세분화할 수 있다. 공간 개념은 상하, 좌우, 전후 등과 같이 사물과 현상의 시공간적 관계를 나타내고, 존재 개념은 물질, 생물, 인간 등과 같이 일련의 실체에 대한 경험을 바탕으로 기술되는 개념이며, 구조 개념은 먹는 것, 운동하는 것 등과 같이 여러 형태의 경험과 활동을 조직한 것이다. 추상적 개념은 여러 구체적 개념을 바탕으로 순수한 사유과정을 통해 만들어진 것이다. 추상적 개념의 예로는 에너지, 엔트로피, 진화, 유전 등을 들 수 있다.

카플란Abraham Kaplan은 개념을 관찰 개념, 구성 개념, 이론적 개념의 세 가지 유형으로 분류했다. 관찰 개념은 관찰을 통해 확인할 수 있는 개념을 뜻하며, 직접 관찰 개념과 간접 관찰 개념으로 나눌 수 있다. 전자는 돌이나 책과 같이 인간의 감각기관으로 직접 관찰이 가능한 개념이고, 후자는 원자나 분자와 같이 각종 도구나 장치를 통해 간접적으로 관찰할 수 있는 개념이다. 구성 개념은 관찰 가능한 개념은 아니지만 관찰 가능한 대상에 바탕을 두고 구성된 개념이다. 과학적 이론의 기초가 되는 개념은 대부분 구성 개념으로 질량, 힘, 가속도 등이 여기에 해당한다. 이론적 개념은 관찰 불가능한 것을 효과적으로 설명하기 위해 가공적으로 만들어낸 개념을 말한다. 예를 들어 정신이 뇌에서 비롯된다고 해서 뇌를 현미경으로 들여다보아도 정신을 찾을 수는 없다. 앞서 언급한 호워드의 분류와 결부시켜 보면, 직접 관찰 개념과 간접 관찰 개념은 구체적 개념에, 구성 개념과 이론적 개념은 추상적 개념에 해당한다.

또한 개념은 객관 개념concept과 주관 개념conception으로 구분되기도 한다. 객관 개념은 해당 과학자 사회에서 공인된 개념으로 학습의 대상이 되며 사람에 따라 달라지지 않는다. 이에 반해 주관 개념은 개인이 스스로 만들어낸 개념으로 사람에 따라 그 의미가 다르다. 일상생활과 달리 과학교육에서는 객관 개념과 주관 개념을 구분하는 것이 매우 중요하다. 과학교육은 학생 개개인이 가지고 있는 주관 개념을 과학자 사회에서 공인된 객관 개념으로 변화시키는 역할을 담당하는 것이다. 과학교육에서 자주 거론되는 학생들의 선先개념preconception이나 오誤개념misconception도 주관 개념의 일종에 해당한다. 예를 들어 역기를 제자리에서 들고 있는 사람을 보고 그 사람이 힘든 일을 하고 있다고 하는 것은 오개념이라 할 수 있다. 과학적 개념으로서 일은 힘과 거리의 곱으로 정의되므로 앞의 경우와 같이 거리의 이동이 없는 경우에는 일을 하지 않는 것에 해당한다.

법칙과 원리

법칙은 특정한 조건하에서 자연 현상의 규칙성regularities이나 양상이 어떻게 나타나는지를 일반화하여 진술한 것에 해당한다. 케플러의 법칙, 보일의 법칙, 멘델의 유전법칙, 샤가프Chargaff의 법칙 등이 그러한 예가 될 것이다. 이러한 법칙은 자연 현상들 사이에 존재하는 규칙성을 드러내지만, 왜 이러한 규칙성이 성립하는지에 대한 설명을 제공하지는 않는다. 그것은 법칙이 아닌 이론의 영역에 해당한다고 볼 수 있다.

과학적 법칙은 과학적 개념과 사실로 이루어져 있으며, 개념이나 사실보다 더욱 포괄적이고 그것을 초월하는 특성을 지닌다. 보일의 법칙을 예로 들어 보자. 보일의 법칙은 '일정 온도에서 기체의 압력과 그 부피는 서로 반비례한다'는 진술이다. 보일의 법칙은 일정 온도라는 특정한 조건에서 성립하며, 압력이나 부피와 같은 개념과 관찰이나 실험을 통해 수집한 사실을 서로 연결시켜 진술하고 있다.

과학적 법칙은 다음과 같은 특성을 가지고 있다. 첫째, 과학적 법칙은 특정한 조건에서 원인과 결과 사이에 일정한 관계가 있다는 인과율에 근거를 두고 있다. 둘째, 과학적 법칙은 시간과 공간에 관계없이 적용된다는 보편성을 지향한다. 셋째, 과학적 법칙에 사용되는 개념은 반드시 조작적 정의가 가능해야 한다. 예를 들어, 뉴턴의 운동법칙에 사용되는 힘, 질량, 가속도는 조작적으로 정의할 수 있는 반면, '성실한 사람은 성공한다'와 같은 언명에서 성실과 성공은 조작적 정의가 곤란한 것이다.

과학적 법칙도 몇 가지 유형으로 구분할 수 있다. 법칙은 규칙성의 정도에 따라 보편법칙과 통계법칙으로 나뉜다. 보편법칙이 시공간적으로 예외가 없는 규칙성을 의미한다면, 통계법칙은 규칙성이 나타나는 확률에 주목한다. '자석이 같은 극끼리는 밀어내고 다른 극끼리는 잡아당긴다'는 것은 보편법칙에 해당하고, '이 음식을 먹은 사람의 5% 정도는 구토 증상을 나타낸다'는 것은 통계법칙에 해당한다.

법칙은 직접적 관찰의 가능성에 따라 경험법칙과 이론법칙으로 구분되기도 한다(Carnap 1966). 경험법칙은 관찰할 수 있는 현상들 사이의 불변적 관계를 나타내는 것으로, 관찰한 사실을 설명하거나 미래의 관찰 가능한 사건을 예측하는 기능을 한다. 이론법칙은 직접적 관찰이 불가능하며 그와 관련된 경험법칙을 통해 간접적으로 확인할 수 있다. 즉, 어떤 이론법칙에서 경험법칙을 가설의 형태로 도출 혹은 예측하고 그 가설을 관찰이나 실험을 통해 확인하는 절차를 거치는 것이다.

법칙과 유사한 개념으로는 원리principle를 들 수 있다. 법칙과 원리는 모두 관찰된 현상을 지배하는 규칙으로 혼용되기도 한다. 예를 들어 아르키메데스Archimedes가 "유레카!"라고 외치면서 발견한 것은 부력의 '법칙'으로 불리기도 하고 부력의 '원리'로 불리기도 한다. 이에 반해 법칙은 관찰 자료를 일반화한 진술인 반면, 원리는 관찰 자료와 직접적으로 관련될 필요가 없으며 논리적 관계를 중시한다는 견해도 있다. 또한 원리가 법칙보다 더욱 포괄적이고 근본적인 성격을 띤다는 점이 부각되기도 한다. 이럴 경우에 원리는 법칙이나 이론을 도출하는 전제로 활용될 수 있다. 예를 들어 데카르트는 물질과 운동을 중시하는 기계적 철학의 원리로부터 자연의 법칙을 도출했으며, 아인슈타인은 상대성 원리와 광속도 불변의 원리를 바탕으로 특수상대성이론을 제안했다.[1]

이론과 모형

과학적 이론은 사실, 개념, 법칙, 가설 등이 통합되어 하나의 설명 체계를 이룬 것으로 적용 범위가 넓고 추상성이 높은 특성을 가지고 있다. 네이글Ernest Nagel에 따르면, 이상적인 과학적 이론은 다음과 같은 세 가지 조건을 만족시켜야 한다(Nagel 1966). 첫째, 설명 체계의 기본적 개념을 정의할 수 있는 추상적 골격abstract skeleton

을 가지고 있어야 한다. 둘째, 관찰과 실험의 구체적 자료에 추상적 골격을 연결함으로써 추상적 골격에 경험적 내용을 더해주는 일련의 규칙이 필요하다. 셋째, 보다 친숙한 개념적 자료나 시각적 자료를 활용하여 추상적 골격을 보강해 줄 수 있어야 한다.

이론은 자연 현상을 기술하거나 분류하는 데 그치지 않으며, 과거의 일을 설명하고 미래의 일을 예측하는 기능을 가지고 있다. 더 나아가 이론은 자연 현상에 대한 실질적인 이해감sense of understanding을 제공하며, 어떤 현상이나 사건을 통제할 수 있는 기초로 작용한다. 이론은 법칙을 설명하는 것으로도 볼 수 있다. 예를 들어, '해가 동쪽에서 뜬다'는 것은 자연법칙에 해당하는데, 그것을 설명하기 위해서는 지구중심설(천동설)이나 태양중심설(지동설)과 같은 이론이 필요한 것이다.

과학적 이론의 유형은 법칙집합형set of laws form, 공리형axiomatic form, 인과과정형causal process form 등으로 구분할 수 있다(권재술 외 1998, 43~48). 법칙집합형 이론은 가장 구조화되지 않은 형태의 이론으로 서로 독립적인 여러 법칙들로 이루어져 있다. 예를 들어, 스키너Burrhuss F. Skinner의 조작적 조건화 이론은 ① '유기체는 강화계획이 연속적일 때가 간헐적일 때보다 행동에 대한 학습이 빠르다'는 법칙과 ② '유기체는 간헐적 강화를 받았을 때가 연속적 강화를 받았을 때보다 행동이 지속적이다'는 법칙으로 이루어져 있는데, ①과 ②는 모두 실험적인 증거에 의해 뒷받침되지만 서로 논리적이거나 인과적인 관계를 형성하지 못하고 있다. 공리형 이론은 서로 연관된 정의들과 언명들로 구성되어 있으며, 논리적 체계가 중요하기 때문에 그 이론에서 유도되는 모든 언명이 경험적 지지를 받지 않아도 된다. 수학의 거의 모든 분야가 공리형 이론에 해당하며, 특수상대성이론도 공리형 이론에 속한다고 볼 수 있다. 인과과정형 이론은 공리형 이론과 달리 언명들의 관계가 위계적이지 않고 비교적 대등하며 경험적 증거를 중시하는 특성을 가지고 있다. 또한 법칙집합형 이론이 법칙을 조합한 것에 불과한 반면, 인과과정형 이론은 법칙들의 관계를 인과적으로 설명할 수 있다. 인과과정형 이론의 예로는 관성의 법칙, 가속도의 법칙, 작용 반작용의 법칙을 바탕으로 뉴턴이 정립한 고전역학을 들 수 있다.

앞서 언급했듯이, 이론은 추상적 속성을 가지고 있기 때문에 가시적인 현상이나 용어로 나타내는 데에는 한계가 많다. 이러한 한계를 극복하기 위해 종종 사용되는 것이 모형이다. 모형은 우리가 알고 있는 인지적 표상들로 빗대어 표현한 것으로, 모형을 사용하면 복잡한 현상이나 새로운 이론을 단순하고 명쾌하게 설명할 수 있다. 모형은 척도scale 모형, 상사analog 모형, 수학적 모형, 이론적 모형, 원형적archtypal 모형 등으로 구분되기도 한다(Black

1962; 김영민 2012, 253~265). 척도 모형은 모양과 구조는 같지만 크기가 다른 것인데, 비행기나 자동차에 대한 모형이 그 예에 해당한다. 상사 모형은 원래의 것과 비슷한 모양을 만들어 그 구조를

과학에서의 비유

과학에 대한 교육이나 연구에서 모형과 비슷한 역할을 하는 것으로는 비유를 들 수 있다. 비유는 어떤 현상이나 사물을 직접 설명하지 않고 다른 비슷한 현상이나 사물에 빗대어 설명하는 것에 해당한다. 과학에서의 비유는 은유metaphor, 직유simile, 유비 혹은 유추analogy 등으로 구분되고 있다. 은유의 대표적인 예로는 원소기호, 분자식, 구조식 등이 있으며, 이온 상태를 (+)와 (−) 부호로 표시하는 것도 일종의 은유적 표현으로 볼 수 있다. 전선을 따라 흐르는 전기를 수도관을 통해 흐르는 물에 비유하는 것이나 심장의 기능을 펌프의 기능으로 비유하는 것 등은 직유에 해당한다. 유비는 같은 종류의 것 또는 비슷한 것에 기초하여 다른 것을 미루어 추측하는 일이다. 유비의 대표적인 예로는 신약의 효능을 알아보기 위해 수행하는 동물 실험을 들 수 있고, '화성에 물이 있는 것으로 보아 생물체가 있을지도 모른다'는 진술도 유비에 해당한다. 비유를 복잡한 과학적 개념이나 이론을 쉽게 설명하기 위한 '설명적 비유'와 새로운 과학적 발견을 정교화하는 데 사용되는 '발견적 비유'로 구분하고, 발견적 비유를 유비로 정의하는 경우도 있다(김영민 2012).

설명하기 위한 모형으로, 원자 모형이나 DNA 모형 등이 여기에 속한다. 수학적 모형은 수식에 의해 요약되거나 표현된 것을 뜻하는데, 예를 들어 구슬이 줄을 따라 미끄러지는 현상은 수학적 함수를 통해 나타낼 수 있다. 이론적 모형은 특정한 현상이나 이론을 설명할 목적으로 머릿속에서 구성한 추상적 모형으로, 대표적인 예로는 효소 반응을 나타내기 위해 사용되는 열쇠-자물쇠 모형을 들 수 있다. 원형적 모형은 어떤 본보기를 바탕으로 자신의 새로운 아이디어를 체계적으로 표현한 것인데, 힘, 벡터, 장field 등을 활용하여 사회 현상을 설명하는 경우를 그 예로 들 수 있다. 그러나 특정한 이론을 완전히 반영하는 모형은 존재하지 않기 때문에 모형이 이론의 의미를 정확하지 않게 전달하는 경우도 있다.

가설

가설은 어떤 현상에 대한 잠정적인 설명 혹은 시험적인 진술에 해당한다. 가설은 추론을 이끌어내며 그 추론에 대한 시험을 통해 강화되거나 폐기된다. 과학적 탐구에서 가설은 어떤 현상이나 문제를 그럴듯하게 설명하기 위해 도입되는데, 이후에 이론의 지위로 격상될 가능성을 가지고 있기 때문에 중간적 지식의 성격을 띤

양자가설에서 양자역학으로

양자에 대한 논의는 1900년에 플랑크Max Planck가 흑체복사의 문제를 종합적으로 설명하기 위해 $E=h\nu$(E: 에너지, h: 플랑크 상수, ν: 진동수)라는 식을 제안함으로써 시작되었다. 이에 앞서 빈Wilhelm Wien과 레일리John Rayleigh가 흑체복사를 설명하려고 시도했지만, 빈의 제안은 짧은 파장의 영역에만 잘 들어맞았고, 레일리의 제안은 긴 파장의 경우에 적합했다. 숱한 고민 끝에 플랑크는 빛의 에너지가 연속적인 값이 아니라 어떤 단위 값의 정수 배가 되는 값만을 가진다는 가정을 세웠고, 이를 통해 흑체복사에 관한 각종 실험 데이터를 원만하게 설명하는 데 성공했다.

플랑크의 양자'가설'은 아인슈타인과 보어Niels Bohr에 의해 상당한 의미를 가진 것으로 확인되었다. 아인슈타인은 1905년에 빛이 일종의 입자라는 광양자의 개념을 사용하여 광전 효과(빛을 쪼였을 때 금속 내부의 전자가 방출되는 현상)를 명쾌하게 설명할 수 있었다. 이어 보어는 1913년에 새로운 원자모형을 탐구하면서 전자가 높은 에너지(E_2)의 궤도에서 낮은 에너지(E_1)의 궤도로 전이할 때 방출되는 빛의 진동수가 $\nu=(E_2-E_1)/h$라는 관계를 만족시켜야 한다고 주장했다. 이런 식으로 양자의 개념이 널리 활용되면서 양자가설 대신에 양자'이론'이란 용어가 사용되기 시작했다.

1924년에 드브로이Louis de Broglie는 모든 물질이 파동의 성격을 갖는다는 물질파 이론을 선보였고, 이에 감명을 받은 슈뢰딩거Erwin Schrödinger는 1926년에 전자가 파동이라는 가정을 바탕으로 근사한 운동방정식을 만들었다. 같은 해에 하이젠베르크는 전자를 입자로 간주한 후 관측 가능한 물리량을 행렬의 곱으로 풀이하는 방정식을 제안했다. 이어 1927년에는 디랙Paul Dirac이 슈뢰딩거의 파동역학과 하이젠베르크의 행렬역학이 실질적으로 동등하다는 점을 증명했다. 이를 통해 양자 이론은 광범위한 자연 현상을 수학적으로 다룰 수 있게 되었고, 고전역학에 대비하여 양자'역학'이란 이름을 가지게 되었다.[2]

다고 볼 수 있다. 가설은 법칙이나 이론과 마찬가지로 복수의 사실들과 개념들 사이의 관계에 관한 진술이지만, 아직 충분히 지지되지 않은 임시적인 성격을 띠고 있는 것이다. 이와 달리 세상에 완벽한 이론은 존재하지 않기 때문에 모든 이론이 가설의 지위를 지닌다는 주장도 있다.

가설은 추론의 성격에 따라 귀납적 가설과 연역적 가설로 구분할 수 있다. 귀납적 가설은 관찰, 측정, 실험을 통해 수집한 자료를 바탕으로 형성되며, 여러 번의 시험을 거쳐 지지되면 법칙이나 이론의 지위를 확보할 수 있다. 이와 달리 연역적 가설은 특정한 법칙이나 이론으로부터 도출되며, 시험 결과에 따라 해당 법칙이나 이론이 지지되거나 기각된다. 이러한 점에서 가설은 법칙이나 이론이 형성되는 바탕이자 법칙이나 이론을 시험하는 수단으로 기능한다고 볼 수 있다.

또한 가설은 배경 지식background knowledge과의 관계에 따라 대담한bold 가설과 조심스러운 혹은 세심한cautious 가설로 구분할 수 있다(Popper 1959). 조심스러운 가설은 당시의 배경 지식에 비추어 그럴듯한 주장을 담고 있는 가설로 프톨레마이오스Ptolemaios가 지구중심설로 행성의 복잡한 운동을 설명하기 위해 주전원epicycle을 도입한 것이 그 예가 될 수 있다. 이에 반해 대담한 가설은 배경 지식에 나타나 있지 않거나 배경 지식과 충돌하는 성격을 띠고 있다. 예를 들어, 코페르니쿠스의 태양중심설은 '지구가 우주의 중심'이라는 기존의 배경 지식과 모순되는 것이었고, 아인슈타인의 일반상대성이론은 '빛이 직선으로 운동한다'는 당시의 배경 지식에 포함된 가정에 위배되는 것이었다.

그밖에 가설의 유형으로 거론되는 것으로는 보조가설auxiliary hypothesis과 임시방편적 가설ad hoc hypothesis을 들 수 있다. 보조가설은 이론, 법칙, 다른 가설에 필요한 부가적 가정이나 관찰, 측정, 실험의 전제조건을 말한다. 예를 들어, 갈릴레오가 금성의 삭망현상을 설명하는 데에는 '금성이 지구와 태양 사이에 있다' 혹은 '금성을 관찰한 망원경은 믿을 만하다'라는 보조가설이 필요했다. 임시방편적 가설은 어떤 이론이 반박에 부딪쳤을 때 그 이론을 옹호하기 위해 임시변통으로 제시하는 무리한 보조가설을 지칭한다. 예를 들어, 갈릴레오가 망원경을 통해 달의 표면이 매끄럽지 않고 울퉁불퉁하다는 점을 발견했을 때 아리스토텔레스를 신봉하는 학자들은 눈에 보이지 않는 에테르가 달을 둘러싸고 있다는 임시방편적 가설로 대응한 바 있다.

과학 지식의 가변성

이상의 논의에서 과학 지식을 구성하는 요소들에 대해 검토했는데, 이러한 과학 지식이 가변성을 가진다는 점에도 주목해야 한다. 과학 지식은 절대불변의 진리가 아니라 시대에 따라 변해 왔으며, 앞으로도 변화할 가능성을 가지는 것이다. 가령 옛날 사람들은 지구가 우주의 중심이라고 믿었지만, 근대에 들어서는 지구가 태양 주위를 공전하는 여러 행성 중 하나일 뿐이라는 점이 밝혀졌다. 더 나아가 오늘날에는 태양계가 속해 있는 우리 은하가 1,000억 개가 넘는 은하 중 하나에 불과하다는 사실도 인정되고 있다.

사실상 과학의 역사는 과학 지식의 가변성으로 가득 차 있다. 17세기에는 하비에 의해 혈액순환설이 제안되면서 생리학의 체

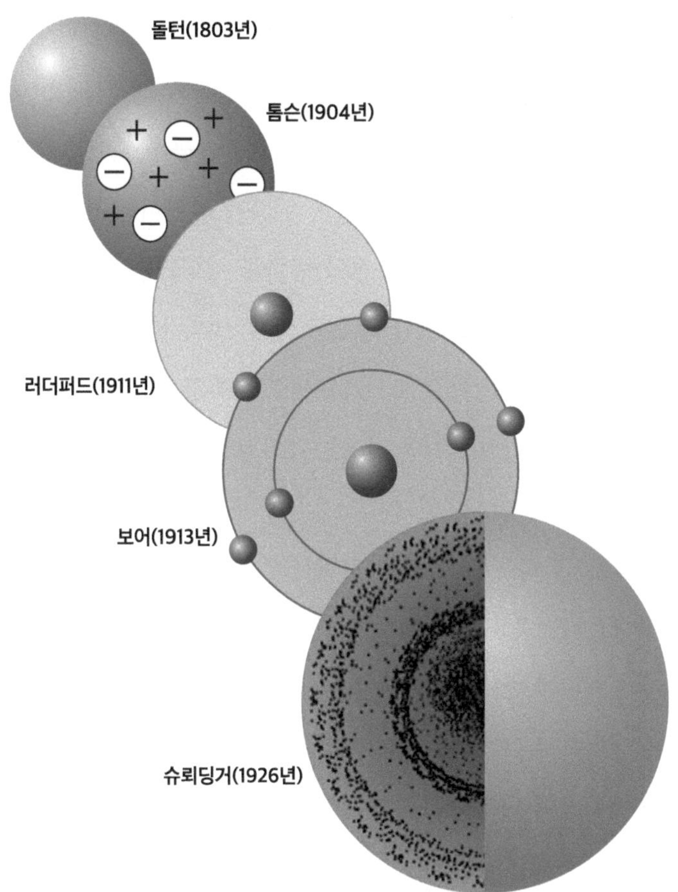

〈그림 6〉 시대에 따른 원자모형의 변화.

① 돌턴John Dalton에게 원자는 쪼개지지 않는 것이었다.

② 톰슨Joseph John Thomson은 양전하와 음전하가 골고루 퍼져 있는 건포도 푸딩 모형을 제안했다.

③ 러더퍼드Ernest Rutherford는 원자핵이 가운데 있고 전자가 핵 주위를 회전한다는 행성 모형을 제안했다.

④ 보어는 전자가 일정한 궤도를 따라 운동한다는 궤도 모형을 제안했다.

⑤ 오늘날에는 전자가 원자핵 주변에 구름처럼 퍼져 있다고 간주하고 전자의 궤도를 확률 분포로 나타내는 전자구름 모형이 받아들여지고 있다.

계가 바뀌었고, 18세기에는 플로지스톤 이론을 대신해 라부아지에가 새로운 연소이론을 정립했으며, 19세기에는 열의 본성에 대한 설명이 칼로릭caloric 이론에서 기체분자운동론으로 변화했다. 20세기에 들어서는 원자보다 작은 입자가 발견되고 양자역학이 출현하면서 원자모형도 지속적인 변화를 경험했다. 한번 폐기되었던 이론이 다시 부활하는 경우도 있다. 빛의 본성에 대한 이론은 입자설이 지배적이었다가 파동설로 변화된 후 오늘날에는 빛이 입자와 파동의 이중성을 가지는 것으로 해석되고 있다.

이처럼 과학 지식은 원칙적으로 항상 수정이 가능한 상태에 있다. 우리가 접하는 많은 과학 지식은 현재까지 알려진 다양한 현상 중에 많은 것을 잘 설명하며 새로운 문제를 해결하는 데 효과적이기 때문에 받아들여지고 있는 것이다. 만약 새로운 문제의 해결에 실패하고 그러한 현상이 누적되는 가운데 더 나은 설명을 제시하는 이론이 나타난다면 기존의 과학 지식은 얼마든지 대체될 가능성을 가지고 있다. 과학 지식은 절대적인 진리가 아니기에 끊임없이 변화되고 수정되는 것이다.

이와 같은 과학 지식의 가변성에는 어렵지 않게 수긍할 수 있지만, 과학 지식이 어떤 식으로 변화하는가에 대해서는 서로 다른 견해가 제시될 수 있다. 과학 지식의 변화에 대한 대표적인 모형으로는 누적적cumulative 모형, 진화적evolutionary 모형, 혁명적 혹은 격변적revolutionary 모형 등을 들 수 있다(Kourany 1987; 조희형 외 2011, 101~103).[3]

누적적 모형은 이미 형성된 지식체계 속에 새로운 사실, 개념, 법칙, 이론 등이 계속 축적되면서 과학 지식이 발전한다고 보는 관점이다. 누적적 모형은 과학 지식이 발전하는 과정에서 기존 지식이 계속 보존된다는 가정을 깔고 있기 때문에 보존적conservative 모형으로 불리기도 한다. 누적적 모형은 많은 과학 교과서들이 암묵적으로 채택하고 있는 입장으로도 볼 수 있다. 기존의 과학 교과서는 성공한 과학에 대해서만 최종본 형태final form로 다루는 경향이 많으며, 이에 따라 학생들은 과학 지식이 단순히 누적되어 순조롭게 발전하는 것으로 생각하기 쉽다(강석진·노태희 2014, 158~160).

진화적 모형은 경쟁하는 여러 이론들 중에서 다양한 시험을 이겨내고 과학자 사회에 잘 적응한 이론만이 선택되어 새로운 과학 지식을 이룬다는 관점이다. 과학 지식에 대한 진화적 모형은 다윈의 진화론과 유사한 설명 방식을 가지고 있다. 진화한 생물이 조상의 특성을 많이 포함하고 있지만 다른 종으로 분류될 만큼 서로 다르듯이, 새로 진화한 과학 지식도 이전의 지식을 상당 부분 계승하고 있지만 이전과 다른 내용이나 문제도 가지고 있는 것이다.

혁명적 모형은 기존 과학 지식의 점진적인 변화나 개량으로 새로운 과학 지식이 출현하는 것이 아니라 새로운 과학 지식이 기존의 과학 지식을 불연속적으로 대체한다는 점에 주목하고 있다. 과학의 본질적인 변화는 어떤 이론이 포기되고 새로운 이론이 그 자리를 메움으로써 이루어진다는 것이다. 이와 함께 혁명적 모형은 과학이 혁명의 국면을 맞이하는 동안 개념, 이론, 방법 등이 개별적으로 변화하는 것이 아니라 동시에 교체된다는 점을 강조하고 있다.

4

과학적 방법의 유형

메다워Peter Medawar(1960년 노벨 생리의학상 수상자)는 과학적 방법에 대해 다음과 같이 말했다. "과학자에게 과학적 방법이 무엇이냐고 물어보라. 그러면 그 사람은 아마 즉시 정색을 하고 눈알을 이리저리 굴릴 것이다. 정색을 한 까닭은 어떤 의견이라도 밝혀야 한다고 느끼기 때문이고, 눈알을 굴리는 까닭은 밝힐 의견이 없다는 사실을 숨길 방도를 모색하기 때문이다."

마이클 셔머(2005, 52)

과학적 방법은 과학적 문제를 해결하기 위한 원리나 절차와 관련되어 있으며, 과학 지식을 형성하거나 그것의 타당성을 시험하는 준거가 된다. 과학적 방법의 유형에는 연역법deductive method, 귀납법inductive method, 가설연역법hypothetical deductive method, 귀추법abductive method 등이 있으며, 이와 같은 논리적 추론 이외에 사회적 합의social consensus가 강조되기도 한다. 과학적 방법에는 왕도가 없으며 모든 과학적 방법에는 장단점이 있기 때문에 과학적 문제의 성격에 따라 적절한 방법을 사용하는 것이 필요하다.

연역법

이미 증명된 하나 또는 둘 이상의 명제를 전제로 하여 새로운 명제를 결론으로 이끌어내는 것을 연역deduction이라 하며, 이러한 연역의 방법과 절차를 논리적으로 체계화한 것을 연역법이라 한다.

연역법의 전형적인 형식은 아리스토텔레스가 처음으로 정식화했다고 알려져 있는 삼단논법syllogism이다. 다음 예가 보여주는 바와 같이, 삼단논법은 대전제, 소전제, 결론으로 이루어져 있다.

사람은 누구나 죽는다	대전제
소크라테스는 사람이다	소전제
소크라테스는 죽는다	결론

과학에서 주로 활용되는 연역법의 예를 들면 다음과 같다. 여기서 대전제는 법칙이나 이론에 해당하고, 소전제는 초기 조건에 해당하며, 결론은 설명이나 예측의 형태로 나타난다.

모든 금속은 도체이다	법칙과 이론
구리는 금속이다	초기 조건
구리는 도체이다[일 것이다]	설명과 예측

연역법에서 전제들과 결론은 필연적인 관계를 맺고 있으며, 전제들이 참이고 논증의 과정이 타당하면 반드시 참의 결론이 도출된다. 반면에, 그 전제가 참일지라도 추론의 과정이 타당하지 않으면 거짓 결론이 도출되며, 전제와 결론이 거짓일지라도 그 논증 과정이 타당한 경우도 있다. 연역법은 전제에 없었던 새로운 사실을 생산하지는 못하며, 이미 전제 속에 포함되어 있는 정보를 보다 구체적인 형태로 도출해낼 뿐이다. 이처럼 연역법은 결론의 내용이 이미 전제 속에 포함되어 있다는 점에서 진리보존적 추론truth-preserving inference의 성격을 지닌다.

연역법은 논리적 일관성과 체계성을 가지고 있는 장점이 있다. 연역법이 가장 널리 사용되는 학문 분야는 수학이다. 수학에서는 당연히 옳다고 간주되는 몇 가지 공리나 정의에서 중요한 정리를 유도한다. 예를 들어, 평행선의 공리로부터 삼각형의 내각이 180도라는 정리를 얻을 수 있다.[1] 또한 데카르트가 "나는 생각한다. 그러므로 나는 존재한다cogito, ergo sum"라는 원리를 바탕으로 자연 현

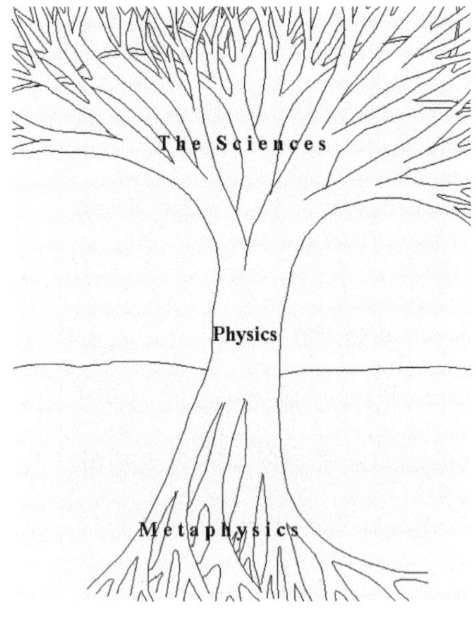

〈그림 7〉 데카르트가 묘사한 '지식의 나무'로 '철학의 나무' 혹은 '과학의 나무'로도 불린다. 그에 따르면, 우리가 일상에서 접하는 경험과학의 구체적인 부분은 나무의 가지들에 해당하고, 가지들이 갈라져 나올 수 있게 하는 줄기의 역할을 담당하는 것이 물리학이며, 물리학의 뿌리를 이루는 것은 형이상학에 해당한다.

상에 대한 지식체계를 세운 것이나 아인슈타인이 상대성 원리와 광속도 불변의 원리를 바탕으로 특수상대성이론을 도출한 것도 연역법에 해당한다고 볼 수 있다.

연역법에서 결론이 의미를 가지기 위해서는 전제가 참이어야 한다. 그런데 전제 자체가 참인지 거짓인지는 연역법만으로 해결할 수 없다. 사실상 연역법의 출발점이 되는 최초의 명제는 인간의 다양한 경험을 종합하는 과정을 통해 형성되는 경우가 많다. 가령 '사람은 누구나 죽는다'는 대전제도 소크라테스의 사망을 비롯한 여러 사례들이 일반화된 후에 얻어질 수 있는 것이다. 이러한 점을 감안한다면 연역법에서의 전제 자체가 가설의 성격을 띤다고 볼 수 있다.

귀납법

개별적인 특수한 사실이나 원리로부터 그러한 사례들이 포함되는 좀 더 확장된 일반적 명제를 이끌어내는 것을 귀납induction이라 하며, 이러한 귀납의 방법과 절차를 논리적으로 체계화한 것을 귀납법이라 한다.

특수한 사례로부터 일반적 명제를 도출하는 것은 이미 아리스토텔레스가 주목한 바 있지만, 귀납적 방법을 본격적으로 제창한 사람은 17세기 영국의 철학자이자 과학자인 프란시스 베이컨이다. 아리스토텔레스와 달리 베이컨은 사실을 수집하는 원천으로 일상적인 경험 이외에 인위적인 실험도 포함시켰으며, 몇 가지 사실에서 성급한 일반화에 이르는 대신 많은 사실을 수집하고 존재표table of presence, 부재표table of absence, 정도표table of comparison를 통해 체계적으로 분류한 후 자연 현상의 규칙성을 찾아야 한다는 점을 강조했다(송성수 2015, 45~47).

귀납적 추론에는 여론 조사와 같이 표본적인 관찰이나 실험에 근거해 일반적인 결론을 이끌어내는 통계적인 추론도 있고, 사물이나 사건의 유사성에 근거하여 어떤 결론을 끌어내는 유비적인 추론도 있다. 사실상 귀납은 주어진 사실이나 현상에 근거해 새로운 정보와 지식을 얻을 수 있기 때문에 일상생활에서도 흔히 나타나는 사고방식에 해당한다.

다음의 예는 귀납법의 전형적인 형식을 보여주고 있다.

서울에 있는 까마귀는 검다	전제1
부산에 있는 까마귀도 검다	전제2
뉴욕에 있는 까마귀도 검다	전제3
런던에 있는 까마귀도 검다	전제4
모든 까마귀는 검다	결론

귀납법은 기본적으로 관찰과 실험에서 얻은 부분적이고 특수한 사례를 근거로 전체에 적용시키는 이른바 '귀납적 비약inductive leap'을 통해 이루어진다. 귀납법에서는 전제들이 결론을 이끌어내는 데 기여하지만, 전제가 결론의 필연성을 논리적으로 확립해 주지는 못한다. 위의 예에서 서울, 부산, 뉴욕, 런던에 있는 까마귀가 검다고 해서 반드시 모든 까마귀가 검으라는 법은 없는 것이다.

대신에 결론이 이미 전제 속에 포함되어 있는 연역법과 달리 귀납법의 결론에는 전제에 없는 새로운 사실이 추가된다. 이처럼 귀납법은 사실적 지식을 확장해 주는 내용확장적 추론ampliative inference의 성격을 띤다.

위의 예는 귀납법의 형식을 지극히 단순화시킨 것이고, 실제로 귀납법이 적용되기 위해서는 다음의 세 가지 조건을 충족시켜야 한다. 첫째, 일반화의 기초가 되는 관찰의 수가 많아야 한다. 둘째, 관찰은 다양한 조건하에서 반복될 수 있어야 한다. 셋째, 관찰언명이 보편법칙과 모순되지 않아야 한다. 이를 종합하면 다음과 같은 귀납의 원리principle of induction를 도출할 수 있다. "많은 수의 A가 다양한 조건의 변화 아래 관찰되었고, 관찰된 A가 모두 예외 없이 B라는 성질을 가지고 있다면, 모든 A는 B라는 성질을 가지고 있다"(차머스 2003, 83). 이러한 귀납의 원리에도 상당한 문제점이 있는데 이에 대해서는 5장에서 논리실증주의를 논의할 때 살펴보도록 하겠다.

귀납법은 비록 전제와 결론 사이가 개연적이긴 하지만 과학에서 새로운 사실을 수집하는 데 매우 효과적인 방법이다. 과학은 기본적으로 새로운 사실이 확장되는 가운데 발전해 왔으며, 특히 과학 발달의 초기 단계에서는 귀납법이 효과적인 방법으로 활용되어 왔다. 예를 들어, 열, 전기, 자기 등의 분야는 16~17세기에 광범위한 사실 수집을 바탕으로 출현한 후 19세기에 수학적 방법이 활용됨으로써 체계적인 이론으로 구성될 수 있었다.[2] 또한 지질학이나 생물학의 경우에도 18세기까지는 주로 분류학 위주로 발전된 후 19세기 들어와 귀납적 추론을 바탕으로 여러 이론들이 제안되었다고 볼 수 있다. 이와 함께 20세기에 들어와 정보처리를 더욱 용이하게 해 주는 기술이 발달하면서 귀납법의 영향력이 더욱 커지고 있다는 점에도 주목할 필요가 있다.

가설연역법

가설연역법은 어떤 문제를 해결하기 위해 특정한 사실이나 이론을 바탕으로 가설을 설정한 후 그 가설로부터 관찰이나 실험 결과를 연역적으로 도출한 다음 그 진위를 확인하는 방법에 해당한다. 이 때 가설이 경험적 증거에 의해 지지되면 그 가설은 법칙이나 이론의 지위로 승격될 수 있으며, 그렇지 않은 경우에는 그 가설이 폐기된다. 가설이 폐기되면 그것을 수정하거나 새로운 가설을 제안하여 다시 시험하는 과정을 밟을 수 있다.

가설연역법은 연역법이나 귀납법과 구별되는 과학적 방법이다. 연역법이 전제를 참으로 가정하는 것과 달리 가설연역법은 전제의 진위에 관심을 둔다. 또한 가설연역법에서는 경험적 가설이 귀납 추론에 의해 형성되지 않고 다양한 방법을 통해 창안되는 성격을 띠고 있다.

가설연역법에 입각한 과학적 탐구는 오래 전부터 시작되었지만, 그것을 체계화한 사람은 19세기 영국의 과학자이자 철학자인 휴얼로 알려져 있다.[3] 과학의 역사에서 가설연역법에 대한 예로는 하비의 혈액순환설과 뉴턴의 빛과 색깔에 관한 이론을 들 수 있다. 하비는 맥박이 뛰는 횟수와 방출되는 피의 양을 고려하여 피가 소모되는 것이 아니라 순환한다는 가설을 도출했으며, 결찰사ligature로 자신의 팔을 동여매는 실험을 통해 그 가설을 입증했다(송성수 2015, 77~78). 뉴턴은 백색광이 서로 다른 굴절률을 지닌 광선들로 구성되어 있다는 가설을 세운 후 이를 확인하기 위해 프리즘 실험을 수행했다. 그는 첫 번째 프리즘을 통해 백색광을 단색광들로 분해한 다음 특정한 단색광이 두 번째 프리즘을 통과하도록 했다. 그 결과 빨간색이나 파란색을 띤 단색광이 두 개의 프리즘에서 동일한 각도로 굴절한다는 점을 알 수 있었다(로지 1993, 111~113).

이상의 사례가 특정한 과학자 개인에 국한되어 있다면, 한 과학자의 제안이 다른 과학자들에 의해 지지되는 경우도 찾아볼 수 있다. 아인슈타인의 일반상대성이론과 가모프George Gamow의 빅

증명, 검증, 입증

과학이나 과학철학에서 사용하는 용어는 일상생활에서 접하는 용어와 그 의미가 다른 경우가 적지 않다. 증명proof, 검증verification, 입증confirmation은 그 대표적인 예이다. 증명은 수학이나 논리학과 같은 형식과학formal science에서 주로 사용되는 용어이다. 검증과 입증은 논리적 형식보다는 경험적 사실을 중시하는데, 검증은 경험적 증거에 의해 완전히 지지되는 경우를, 입증은 경험적 증거에 의해 확률적으로 지지되는 경우를 의미한다. 이처럼 검증은 매우 강한 의미를 담고 있기 때문에 물리학, 화학, 생물학, 심리학 등과 같은 경험과학empirical science에서는 입증이란 표현을 자주 사용한다. 'confirmation'을 확증으로 번역하는 경우도 있으나, 확증은 확실한 증명 혹은 확실한 증거라는 어감을 주므로 과학이나 과학철학에서는 적절한 번역어로 보기 어렵다.

뱅 이론이 여기에 해당한다. 아인슈타인은 1916년에 일반상대성 이론을 발표하면서 자신의 이론을 확인할 수 있는 사례 중의 하나로 시공간이 휠 수 있다는 점을 제시했는데, 그것은 1919년의 개기일식 때 에딩턴Arthur Eddington을 비롯한 영국 과학자들이 태양 주변에서 빛이 휘는 현상을 관측함으로써 입증될 수 있었다.[4] 또한 가모프의 연구팀은 1948년에 빅뱅 이론에 대한 논문을 발표하

〈그림 8〉 일반상대성이론을 입증한 1919년의 개기일식. 당시에 있었던 일련의 언론보도 덕분에 아인슈타인은 과학계를 넘어 일반인에게도 유명한 스타로 부상했다.

면서 우주배경복사의 존재를 예견했으며, 그것은 1965년에 펜지어스Arno Penzias와 윌슨Robert Wilson에 의해 관측될 수 있었다(송성수 2015, 619~624).

가설연역법은 사실의 확장이 일어나는 귀납법의 장점과 논리적 엄밀성을 강조하는 연역법의 장점을 두루 갖추고 있다. 이에 따라 많은 학자들이 우수한 과학적 방법으로 가설연역법에 주목해 왔다. 예를 들어, 논리실증주의자들은 과학적 사실의 확장을 설명하기 위해 귀납법과 함께 가설연역법에 주목했으며, 포퍼의 반증주의도 기본적으로 가설연역법에 기반을 두고 있다. 이와 함께 가설연역법은 과학적 탐구의 여러 면모를 잘 보여주기 때문에 과학교육에서도 널리 활용되어 왔다. 예를 들어 슈왑Joseph Schwab은 과학탐구의 과정을 ① 문제 발견, ② 가설 설정, ③ 실험 설계, ④ 자료 수집, ⑤ 자료 해석 및 가설 검증, ⑥ 잠정적 결론 도출 및 일반화 등으로 구분했는데(Schwab 1966), 이러한 6단계 탐구과정은 기본적으로 가설연역법의 논리에 기대고 있는 것으로 평가할 수 있다.

귀추법

귀추법은 주어진 사실에서 시작해 가장 그럴듯한 설명을 추론하는 것으로, 개별 사례로부터 일반화된 주장을 도출하는 특징을 가지고 있다.[5] 귀추법은 19세기 실용주의 철학자인 퍼스Charles S. Peirce에 의해 귀납법이나 연역법과 구별되는 추론의 방법으로 제안되었다. 20세기에 들어서는 과학철학자인 핸슨Norwood R. Hanson과 과학교육학자인 로슨Anton E. Lawson이 귀추법에 대한 보다 세련된 설명을 시도했다(김영민 2012, 111~121).

퍼스는 다음의 예를 통하여 연역, 귀납, 귀추가 각각 어떻게 삼단논법으로 형식화될 수 있는지, 그리고 그 차이는 무엇인지를 설명했다. 퍼스에 따르면, 연역은 어떤 것이 반드시 그렇다는 것을 증명하고, 귀납은 어떤 것이 그럴 확률이 많다는 것을 보여주는 반면, 귀추는 어떤 것이 무엇일지도 모른다는 것을 제안한다.

[연역]

규칙 - 이 자루로부터 나온 콩들은 모두 흰색이다.

사례 - 이 콩들은 이 자루로부터 나온 것이다.

결과 - 이 콩들은 흰색이다.

[귀납]

사례 - 이 콩들은 이 자루로부터 나온 것이다.

결과 - 이 콩들은 흰색이다.

규칙 - 이 자루로부터 나온 콩들은 모두 흰색이다.

[귀추]

규칙 - 이 자루로부터 나온 콩들은 모두 흰색이다.

결과 - 이 콩들은 흰색이다.

사례 - 이 콩들은 이 자루로부터 나온 것이다.

핸슨은 귀추법의 형식을 다음과 같이 정형화했다(Hanson 2007, 155).

① 어떤 놀라운 현상 P가 관찰된다.

② 만약 가설 H가 참이라면 P는 당연한 것으로 설명될 수 있다.

③ 따라서 가설 H가 참이라고 생각할 만한 좋은 이유가 있다.

핸슨에 따르면, 귀추법은 과학자들이 놀라운 현상을 발견하는 것에서 시작된다. 현상이 놀랍다는 것은 과학자가 해결해야 할 문제로 인식하는 것이며, 과학자는 새로운 가설이나 규칙을 제안함으로써 문제의 해결을 시도하게 된다. 만약 가설이 현상에 대한 설명력을 가진다면 그 가설을 이론이나 법칙으로 승인할 만한 좋은 이유가 된다.

로슨에 따르면, 귀추는 이미 알고 있는 경험 상황과 미지의 현 상황의 유사성을 바탕으로 경험 상황의 설명자를 차용하여 현 상황을 설명하는 추론의 한 유형이다. 그는 다음의 예를 통해 귀추의 과정을 ① 관찰의 단계, ② 인과적 의문 생성의 단계, ③ 원인 혹은 가설의 생성 단계로 구분하고 있다.

① 잘 타고 있던 바비큐 불이 꺼졌다.

② 왜, 바비큐 불이 꺼졌을까?

③ 바비큐 불은 바람이 불어서 꺼진 것이다.

위에서 바비큐 불이 꺼진 원인으로 바람을 생각할 수 있었던 것은 바비큐 불과 유사한 종류의 불꽃이 바람에 의해 꺼진 이전의 경험을 빌려와서 적용했기 때문이다. 즉, 가설은 현재 상황을 관찰해서 곧바로 만들어지는 것이 아니라 현재 상황과 비슷한 과거의 경험에서 비롯된다는 것이다.[6]

귀추법에 대한 과학사의 사례로는 케플러가 자주 거론된다. 사실상 케플러는 화성의 궤도가 타원이라는 가설에서 시작하여 관측을 통해 확인할 수 있는 사실들을 연역해 내지 않았다. 오히려 케플러는 튀코 브라헤Tycho Brache가 남긴 관측 자료를 잘 설명할 수 있는 가설로 타원 궤도를 제안했던 것이다. 또한 케플러의 타원 궤도에 대한 가설이 관측 자료를 통계적으로 종합한 귀납법에 입각하고 있다는 평가도 부당하다. 케플러는 관측 자료를 설명하기 위해 원을 포기한 후 행성의 궤도가 달걀형이라는 가정에서 출발했지만 그것이 여의치 않자 타원형을 도입했던 것이다. 귀추법은 필연적 사실이나 개연적 사실이 아니라 이미 일어났지만 아직 모르는 사실에 주목하는 셈이다.

사회적 합의

최근에는 과학이 특정한 방법으로 정당화될 수 있는 것이 아니라 사회적 합의의 산물이라는 견해도 설득력을 높여가고 있다. 이러한 경우에 과학의 객관성은 과학자 사회의 상호주관성intersubjectivity에서 찾아진다. 개별 과학자가 가지는 주관성이 서로 공유되고 교집합을 이루어낼 때 과학의 객관성이 확보된다는 것이다.

오늘날의 실제적인 과학 활동은 같은 분야에 종사하는 사람에 의해 연구 논문이 심사되는 동료평가peer review에 크게 의존하고 있다. 동료평가를 통해 해당 논문이 적절한 과학적 방법을 사용하고 있는지, 의미 있는 과학 지식을 산출하고 있는지 등이 심사되는 것이다. 동료평가는 연구자가 미처 알아채지 못한 오류나 편견, 때로는 의도적인 조작 등을 해당 분야에서 전문성을 지닌 동료들이 검토함으로써 연구의 수준과 진실성을 담보하기 위한 장치에 해당한다.

특정한 과학적 사실도 사회적 합의의 산물로 볼 수 있다. 명왕성의 사례는 이러한 점을 잘 보여준다. 명왕성은 1930년에 발견된 이후 태양계의 9번째 행성으로 인정받아 왔지만, 2006년에 국제천문연맹으로부터 행성의 지위를 박탈당하여 왜소 행성dwarf planet으로 분류되었던 것이다. 어디까지가 과학적 사실인지를 판정하는 데에도 과학자 사회 내부의 합의가 중요한 잣대로 작용한다. 예를 들어, 기후변화에 관한 과학적 사실은 1988년에 유엔 산하의 기구로 조직된 기후변화에 관한 정부 간 패널Intergovernmental Panel on Climate Change, IPCC을 통해 과학자들의 합의를 도출함으로써 구성되고 있다.

〈그림 9〉 앨 고어Albert Arnold Gore Jr.가 2006년에 발간한 『불편한 진실』의 표지. 그는 2007년에 IPCC와 함께 노벨 평화상을 수상했다. 인간이 기후변화에 미친 영향을 연구하고 이를 널리 알림으로써 기후변화 문제의 해결을 위한 초석을 다지는 데 노력한 공로가 인정되었던 것이다.

더 나아가 1997년에 프루지너Stanley Prusiner가 노벨 생리의학상을 받은 것도 사회적 합의의 산물로 볼 수 있다. 그는 광우병을 유발하는 병원체로 프리온prion을 발견했다는 공로로 노벨상을 받았지만, 현재까지도 광우병에 관한 연구 논문은 '불완전한' 혹은 '논쟁 중인' 등의 수식어를 사용하는 양상을 보이고 있다. 프루지너의 노벨상 수상은 사회적 문제의 해결에 기여할 것이라는 기대에 의존한 바가 크다고 볼 수 있는 것이다(김기흥 2009).

과학의 역사에는 당시 과학자 사회의 통념에 부합되지 않은 주장을 펼쳤기 때문에 즉각적으로 승인되지 못한 사례가 제법 존재한다. 17세기에는 하위헌스가, 19세기 초에는 영Thomas Young이 빛의 파동설을 제안했지만, 당시에는 빛의 입자설을 옹호했던 뉴턴의 권위를 배경으로 빛의 파동설이 과학자 사회에서 거의 수용되지 못했다(송성수 2015, 262~270). 또한 1811년에 아보가드로Amedeo Avogadro는 분자설을 제창했지만, 당시에는 분자가 매우 생소한 개념이었기 때문에 상당 기간 동안 가설로만 취급되었고, 1860년대에 이르러서야 법칙의 지위를 누릴 수 있었다(장하석 2014, 253~283). 그리고 베게너Alfred Wegener는 1912년에 대륙이동설을 제안했지만, 당시의 지질학자들은 그가 기상학자라는 점과 대륙 이동의 이유를 제대로 설명하지 못했다는 이유를 들어 적대적인 반응을 보였고, 결국 대륙이동설은 1960년대에 등장한 판구조론을 계기로 그 진가를 인정받을 수 있었다(송성수 2015, 501~507).

사회적 합의는 과학적 방법의 일종으로도 볼 수 있지만 사실상 과학적 방법의 차원을 넘어선다. 왜냐하면 어떤 과학적 방법을 수용할 것인지의 여부 자체가 사회적 합의에 의해 이루어지는 성격을 띠고 있기 때문이다. 예를 들어, 고대에는 자연은 신성하며 인간이 개입할 영역이 아니라는 관념이 지배적이었지만, 근대에 들어서는 실험적 방법이 자연의 비밀을 풀 수 있는 열쇠라는 관념이 과학자 사회에서 승인될 수 있었던 것이다. 이전과 달리 과학교육학에서 과학적 방법의 예로 귀추법이 주목받고 있는 것도 과학교육학계에서 이에 대한 일종의 합의가 이루어진 결과라고 볼 수 있을 것이다.

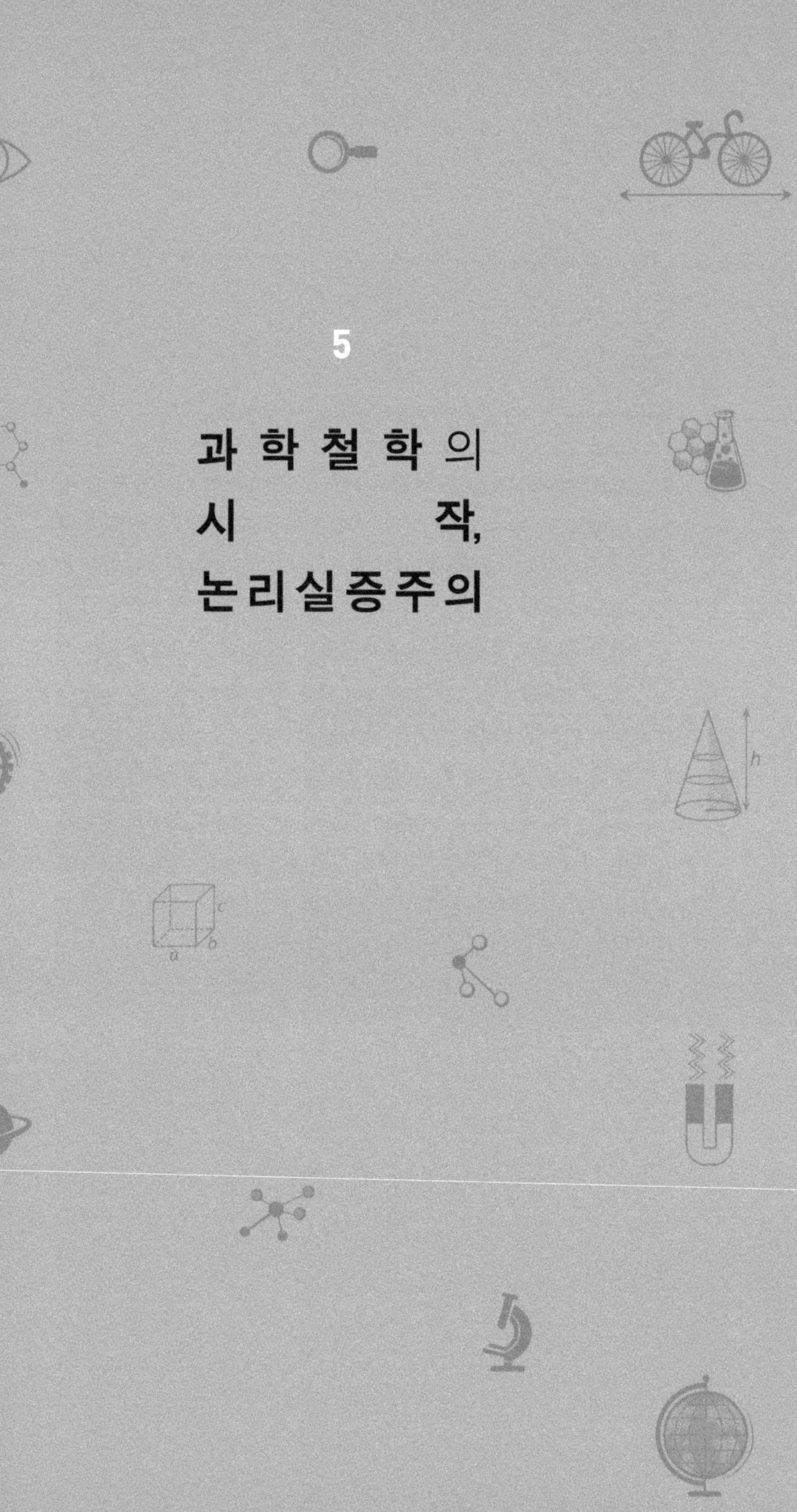

5

과학철학의 시작, 논리실증주의

카르납Rudolf Carnap은 자신의 의미 기준에 대해 다음과 같이 정의하고 있다. … "만일 어떤 명제가 특정한 사태로 표현되지 않고 있다면 그 명제는 의미가 없으며, 따라서 겉보기에만 주장인 것처럼 보일 뿐이다. 이와 달리 어떤 명제가 특정한 사태를 표현하고 있다면 그 명제는 유의미하며, 그 사태가 존재하면 옳은 명제이고 그렇지 않으면 그른 명제이다. 만약 어떤 명제가 이미 알려져 있거나 인정되고 있는 개념만을 포함하고 있다면, 그 명제의 의미는 해당 개념들로부터 도출된다. 반면에 어떤 명제가 생소한 개념이나 적용가능성이 의문시되는 개념을 포함하고 있다면, 우리는 그 의미를 명료하게 드러내야 한다. 이 일의 필요충분조건은 그 명제가 옳다고 말할 수 있는 경험적 상황과 그르다고 말할 수 있는 경험적 상황을 진술하는 데 있다."

요르겐 요르겐센(1994, 47~48)

과학철학의 역사는 아리스토텔레스를 비롯한 고대 학자들로 거슬러 올라갈 수 있다. 근대에 들어서는 영국의 경험론empiricism과 대륙의 합리론rationalism을 매개로 과학의 성격에 대한 논의가 철학의 중요한 주제로 부상했으며, 갈릴레오나 뉴턴과 같은 과학자들도 과학에 대한 자신의 철학적 견해를 지속적으로 표방해 왔다. 그러나 과학을 대상으로 철학을 하는 과학철학이란 분야가 학문적으로 형성되고 발전한 것은 20세기 초반에 논리실증주의logical positivism가 등장한 이후에 있었던 일이라고 볼 수 있다.[1]

논리실증주의는 과학을 최상의 지식으로 보는 실증주의의 전통을 따르고 있으며, 과학의 본성으로 논리와 경험을 중시하기 때문에 논리경험주의logical empiricism로도 불린다. 논리실증주의는 한 사람의 이론이 아니라 여러 사람들의 사상이나 운동에 해당한다.

논리실증주의는 빈 학단Wiener Kreis/ Vienna circle을 주축으로 베를린 학파가 가세한 철학적 사조인데, 대표적인 인물로는 슐리크Moritz Schlick, 노이라트Otto Neurath, 카르납, 괴델Kurt Gödel, 파이글Herbert Feigl, 라이헨바흐Hans Reichenbach, 헴펠 등을 들 수 있다.[2]

논리실증주의의 철학적 토대

빈 학단은 1929년에 「과학적 세계관」이란 제목이 붙은 선언문을 발표했는데, 그것은 논리실증주의의 공식적 출범을 알린 사건으로 평가되고 있다. 논리실증주의자들은 기존 철학자들의 애매한 글쓰기가 철학을 망쳐놓았다고 진단하면서 논리적 분석logical analysis이 철학적 문제들을 해결하는 가장 중요한 방법이라고 강조했다. 예를 들어, 라이헨바흐는 헤겔Georg Hegel의 '이성' 개념이 허튼 소리에 불과하다고 일축했고, 카르납은 하이데거Martin Heidegger의 '무無' 개념이 논리적 이치에 맞지 않는다고 비꼬았다. 논리실증주의자들이 신봉한 철학자는 비트겐슈타인Ludwig Wittgenstein이었는데, 비트겐슈타인은 1921년에 발간된 『논리철학논고』에서 "말해질 수 있는 것은 명료하게 말해야 하고, 말할 수 없는 것에 대해서는 침묵해야 한다"고 주장한 바 있다.[3]

이어 논리실증주의자들은 명제의 의미가 참과 거짓을 가리는 방식에 의해서 결정된다고 주장했다. 그들은 의미 있는 명제를 분석 명제analytic statement와 종합 명제synthetic statement로 나누었다. 분석 명제는 명제의 참과 거짓이 그 명제의 의미 분석을 통해서 결정되는 경우에 해당한다. 가령 '모든 총각은 결혼하지 않은 남성이다'라는 명제는 언제나 참인데, '총각'이라는 단어의 의미 속에 '결혼하지 않은 남성'이라는 뜻이 담겨져 있기 때문이다. 종합 명제는 의미 분석만으로 참과 거짓을 가릴 수 없고 경험을 통해 진위가 확인되는 명제이다. 가령 '모든 까마귀는 검다'와 같은 명제는 까마귀가 검은지 아닌지를 직접 관찰해 보아야 그 진위를 알 수 있다. 논리실증주의자들에 따르면, 형이상학이나 신학에서 나오는 명제는 분석 명제도 아니고 종합 명제도 아니기 때문에 아무런 의미가 없는 명제에 불과했다.

논리실증주의자들은 다양한 분야의 연구 성과들이 서로 연결되어 궁극적으로는 '통일과학unified science'으로 나아가야 한다고 생각했다. 특히 그들은 화학, 생물학, 심리학, 경제학 등에서 나타나는 복잡한 현상들이 궁극적으로 물리학의 법칙들로 환원될 수 있다고 믿었다. 논리실증주의자들이 기획한 국제 통일과학 사전에 대한 시리즈의 일환으로 포퍼의 『탐구의 논리』와 쿤의 『과학혁명의 구조』가 출간되었다는 점도 흥미로운 사실이다. 이와 함

〈그림 10〉 독일 중부의 데사우에 소재한 바우하우스의 전경. 바우하우스는 공예와 미술의 통합을 시도한 학교로 정식 명칭은 슈타틀리헤스 바우하우스Staatliches Bauhaus이다. 바우하우스는 바이마르(1919~1925년), 데사우(1925~1932년), 베를린(1932~1933년) 등 독일의 세 도시에 설립되었다.

께 20세기 초 예술계에서 전개된 바우하우스Bauhaus 운동도 논리실증주의와 밀접히 연관되어 있었다. 모든 장식을 혐오하고 가장 기초적인 색상과 형태로 건축물을 설계한다는 발상은 형이상학을 거부하고 기본적인 경험 자료를 통해 과학 이론을 구축한다는 논리실증주의와 유사했던 것이다.[4]

귀납주의

논리실증주의자들은 비非과학과 구별되는 과학만의 본성이 있다고 생각하면서 과학의 본성을 과학의 특별한 방법에서 찾았다. 그들은 '검증가능성의 원리verifiability principle'를 제안하면서 명제의 의미를 안다는 것은 그 명제를 검증할 수 있는 방법이 무엇인지를 아는 것이라고 주장했다. 논리실증주의자들이 처음에 명제를 검증하는 방법으로 주목한 것은 귀납법이었다. 그들은 프란시스 베이컨의 귀납법을 정교화하는 과정에서 자신들의 과학관을 확립했는데, 이것은 '귀납주의inductivism'로 불린다.

귀납주의는 다음과 같은 세 단계로 구성되어 있다.

① 자료수집 단계: 관찰과 실험으로부터 사실들을 편견 없이 수집한다.

② 일반화 단계: 수집된 사실들을 귀납 추론을 통해 일반화하여 가설을 얻는다.

③ 가설 정당화 단계: 이 가설로부터 새로운 관찰과 실험 결과들을 연역적으로 이끌어낸 다음 이를 실제 경험 자료와 비교하여 시험해 본다.

여기서 ①과 ②는 과학적 탐구에서 가설이 생성 혹은 발견되는 맥락이고, ③은 생성된 가설을 경험에 비추어 그 정당성을 결정하는 맥락에 해당한다(장대익 2008, 47~48).

이러한 방법론은 매우 그럴듯해 보이지만 심각한 문제점들을 안고 있다. 귀납주의의 첫 번째 단계와 관련하여 편견 없이 자료를 수집하는 것은 거의 불가능하다. 사실상 과학자들이 아무런 배경 지식 없이 자료를 모으는 경우를 찾아보기는 쉽지 않다. 과학자들은 대부분 자신이 지지하는 이론이나 잠정적인 가설을 바탕으로 그것의 인도를 받아 사실들을 수집하는 것이다.

이러한 점을 핸슨은 1958년에 발간한 『과학적 발견의 패턴』에서 '관찰의 이론적재성theory ladenness of observation'이란 개념으로 체계화했다.[5] 핸슨은 형태주의 심리학gestalt psychology('게슈탈트'는 전체적인 형태나 패턴을 의미하는 독일어이다)의 연구 성과를 받아들여 그것을 과학적 관찰의 경우로 확장시켰다. 형태주의 심리학은 동일한 사진이나 그림이 복수의 대상 혹은 사건으로 보일 수 있다는 점에 주목하며, 인간이 어떤 것을 학습할 때 전체를 먼저 인식한 후 그에 따라 부분을 익힌다는 점을 강조한다. 〈그림 11〉에서 보듯이, 동일한 하나의 그림이라도 관찰자에 따라 다르게 인식될 수 있으며, 그러한 인식에 따라 그림의 세부적인 사항에 대한 해석이 달라질 수 있는 것이다.

핸슨이 제안한 사례 중에는 지구중심설을 옹호했던 브라헤와 태양중심설을 주장했던 케플러의 가상 대화가 유명하다(Hanson 2007, 21). 두 사람이 아침에 산책을 나와 언덕 위에 무언가 환하게 떠오르는 모습을 보면서 대화를 나눈다고 생각해 보자. 그 때 브라헤가 '태양이 떠오르고 있군'이라고 말했다면, 케플러는 '지구의 자전으로 태양의 고도가 변하는 것이죠'라고 대꾸했을 것이다. 핸슨은 이러한 예를 통해 과학적 관찰의 경우에도 관찰자의 진술은 그가 어떤 이론을 받아들이고 있느냐에 따라 결정된다고 주장했다. "x에 대한 관찰은 x에 대한 사전 지식prior knowledge에 의해 형성된다"는 것이었다(Hanson 2007, 43).[6]

〈그림 11〉 관찰의 이론적재성을 표현하는 그림. 위의 그림에서는 할머니와 아가씨를, 아래의 그림에서는 토끼와 오리를 발견할 수 있다. 위는 심리학자 보링Edwin G. Boring이 쓴 『실험심리학의 역사에서 감각과 지각』(1942)에 나오는 그림이고, 아래는 비트겐슈타인이 『철학적 탐구』(1953)에서 제시한 그림이다.

관찰의 이론적재성과 과학적 실천

관찰의 이론적재성은 관찰의 객관성에 대한 반론의 성격을 띠기 때문에 과학의 위상을 떨어뜨리는 것으로 비춰질 수 있다. 하지만, 관찰의 이론적재성은 과학적 훈련이나 실천에서 상당한 의미를 가지고 있다. 가령 의학 지식이 없는 일반인은 X선 사진을 들여다보아도 어디에 이상이 있는지 알기 어렵지만, 의사나 방사선 전문가는 X선 사진을 보고 신경 쓰지 않아도 되는 부분과 수상한 부분을 적절히 가려낸다. 이와 마찬가지로 거품상자bubble chamber로 측정한 여러 소립자의 궤적이 무엇을 의미하는지 알기 위해서는 상당한 과학적 훈련을 받아야 한다. 이처럼 관찰의 이론적재성은 '그냥 보는 것'과 '과학적으로 보는 것' 사이에 중요한 차이가 있다는 점을 시사하고 있다.

귀납주의의 두 번째 단계인 일반화 단계는 더욱 심각한 문제로 이른바 '귀납의 문제'로 알려져 있다. 귀납의 문제는 18세기 영국의 철학자 흄David Hume에 의해 본격적으로 제기되었다. 흄에 따르면, 관찰된 몇몇 사례로부터 경험적 일반화로 나아가는 것은 그 수가 아무리 많다 해도 논리적 오류이다. 앞서 귀납법을 논의하면서 언급했던 귀납의 원리를 자세히 살펴보면, '많은' 사례로부터 '모든' 것으로 비약하는 논리적 결함을 가지고 있는 것이다.

이와 관련하여 20세기 영국의 철학자 러셀Bertrand Russell은 귀납의 문제를 '칠면조 역설'로 희화화하여 표현한 바 있다. 어떤 사람이 칠면조를 기르고 있었다. 그는 하루도 거르지 않고 매일 아침 칠면조에게 먹이를 주었다. 이에 칠면조는 '주인은 아침마다 내게 먹이를 주는구나.'라고 생각했다. 100일째 되는 날 아침, 그날도 여전히 칠면조는 음식을 가져다 줄 주인을 기다리고 있었다. 그런데 주인은 그날 아침에 먹이를 주기는커녕 칠면조의 목을 잘랐다. 그날이 바로 추수감사절이었기 때문이었다.

이러한 문제점을 피하기 위해 어떤 과학적 주장이 참으로 증명되어야 한다는 요구를 약화시키고 경험적 증거에 비추어 확률적인 참임을 보여주는 것에 만족해야 한다는 제안이 제기되었다. 이 제안을 받아들인다면, 4장에서 언급한 귀납의 원리는 '많은 수의 A가 다양한 조건의 변화 아래서 관찰되었고, 관찰된 A가 모두 예외 없이 B라는 성질을 가지고 있다면, 아마도 모든 A는 B라는 성질을 가지고 있다'로 수정될 수 있다(차머스 2003, 88). 여기서 달라진 것은 '모든'이란 단어 앞에 '아마도'라는 수식어가 추가된 것뿐이다. 이처럼 수정된 귀납의 원리는 A가 B의 성질을 반드시 갖는다는 것이 아니라 관찰 사례가 많을수록 그럴 개연성이 더 높아진다는 것을 강조하고 있다. 귀납주의가 확률론으로 후퇴한 셈이다.

이와 함께 귀납주의를 실용적 차원에서 정당화하려는 시도도 있었다. 귀납 추론을 통해 우리가 별 문제 없이 살아왔기 때문에 그 추론이 정당화될 수 있다는 것이다. 그러나 이런 정당화는 귀납 추론을 귀납 추론으로 정당화하는 순환의 문제를 안고 있다.

사실상 귀납적 방법은 과학의 내용을 확장하는 데 중요한 역할을 담당해 왔지만, 앞서 살펴본 것처럼 철학적으로는 상당한 문제점을 노정하고 있다. 이에 대하여 영국의 철학자 브로드Charlie D. Broad는 1952년에 발간된 『윤리학과 철학의 역사』에서 "귀납은 과학엔 영광이요, 철학엔 스캔들이다."는 명언을 남기기도 했다.

가설연역주의

이러한 배경에서 귀납 추론이 개입되지 않은 과학적 방법론을 개발해야 할 필요성이 대두되었는데, 논리실증주의 내부에서 일차적인 대안으로 제시된 것이 바로 '가설연역주의hypothetical-deductivism'이다. 가설연역주의는 다음과 같이 정식화할 수 있다. ① 주어진 문제를 해결하기 위해 추측을 비롯한 온갖 방법을 동원하여 가설을 제시한다. ② 이 가설로부터 새로운 관찰과 실험 결과들을 연역적으로 이끌어낸 다음 이를 경험에 비추어 시험해본다(장대익 2008, 60).

이와 함께 논리실증주의자들은 귀납주의에서 한발 물러나면서 검증verification 대신에 '입증confirmation'이라는 개념을 도입했다. 경험적 증거가 가설을 검증하느냐 아니냐를 더 이상 묻지 말고 대신에 가설을 얼마나 지지하는가를 묻자는 것이었다. 이와 관련하여 카르납은 증명이 완벽하고 명확한 진리를 설정하는 것이라면 보편언명이 결코 증명될 수 없다고 지적한 후, 증명의 개념을 '점차적으로 입증이 증가하는 것'으로 대체시키면 보편언명이 연속적인 경험적 증거의 축적에 의해 진리로 입증될 수 있다고 주장했다(Carnap 1966).

여기서 주목할 것은 가설연역주의의 첫 번째 단계는 귀납주의와 상당한 차이를 가지고 있지만 가설연역주의의 두 번째 단계는 귀납주의의 세 번째 단계와 마찬가지로 경험에 비춘 시험을 강조하고 있다는 점이다. 이와 관련하여 라이헨바흐는 '발견의 맥락context of discovery'과 '정당화의 맥락context of justification'을 엄격히 구분하면서 과학철학이 다룰 대상은 정당화의 맥락뿐이라고 주장했다. 그는 발견의 맥락은 철학이 아닌 심리학이나 사회학의 대상이라고 간주했는데, 정당화의 맥락에는 논리가 있지만 발견의 맥락에는 논리가 없다고 보았던 것이다.

그러나 정당화의 맥락에도 상당한 문제점이 남아 있는데, 그것은 '검증의 문제' 혹은 '입증의 문제'로 불린다. 표준적인 확률론에 따르면, 관찰 증거가 무엇이든 관계없이 모든 보편언명의 확률이 0zero이라는 결론을 피할 수 없다. 모든 관찰은 수적으로 제한된 사례로 구성되어 있는 반면, 보편언명은 무한히 가능한 경우에 대한 주장을 담고 있다. 관찰 증거에 비추어 볼 때 보편언명의 확률은 유한한 수를 무한한 수로 나눈 값으로 표시된다. 따라서 증거를 구성하는 관찰 사례가 아무리 증가한다 하더라도 그 값은 0이 되는 것이다. 사실상 입증의 문제는 개별 사례로부터 보편언명으로 나아갈 때 발생하기 때문에 앞서 언급한 귀납의 문제와 동일한 성격을 갖는다.[7]

이처럼 논리실증주의는 과학의 본성을 과학적 방법에서 찾고 귀납주의와 가설연역주의라는 두 척의 배를 띄웠지만, 귀납의 문제를 비롯한 다양한 암초에 부딪혀 점차 가라앉고 말았다. 그러나 논리실증주의자들은 과학의 본성을 본격적으로 탐구하는 것을 자신들의 임무로 삼았으며, 과학철학을 하나의 학문 분야로 정립하는 데 크게 기여했다. 논리실증주의자들은 세계의 주요 대학에 자리를 잡으면서 많은 후학들을 양성했으며, 몇몇 영향력 있는 저술을 통해 과학철학을 전파하는 데도 주의를 기울였다(Reichenbach 1951; Carnap 1966; Hempel 1966). 사실상 논리실증주의자들의 과학에 대한 관점은 오늘날에도 많은 사람들이 암묵적으로 채택하고 있기 때문에 '표준적 관점standard viewpoint' 혹은 '수용된 견해received view'로 불리기도 한다. 즉, 아직도 많은 사람들은 과학에 대하여 '과학자들이 관찰이나 실험을 통해 가설이나 이론을 세우고 그것이 참이라는 것을 알아내기 위해 노력한다'는 관점을 받아들이고 있는 것이다.

6

포퍼의 반증주의

나와 같은 반증주의자들은 … 일련의 자명한 것을 상술하기 보다는, 비록 곧 거짓으로 밝혀진다 할지라도 대담한 추측을 통해 보다 흥미로운 문제를 해결하려는 시도를 훨씬 더 좋아한다. … 우리가 이것을 선호하는 이유는 이것이 우리가 오류로부터 배울 수 있는 유일한 방법이기 때문이다. 그리고 우리의 추측이 거짓됨을 발견함으로써 우리는 진리에 관해서 더 많이 배울 수 있고, 진리에 더욱 가까이 나아갈 수 있다.

칼 포퍼(Popper 2001, 459)

포퍼Karl R. Popper는 논리실증주의의 문제점을 극복하기 위한 방편으로 반증주의falsificationism를 제창했다. 그는 아인슈타인이 일반상대성이론을 제안하면서 그것을 지지하는 사례를 제시하고 그 사례가 반박될 경우에 자신의 이론을 버리겠다고 공언한 것에 큰 감명을 받았다. 포퍼의 과학철학에 대한 대표작으로는 『과학적 발견의 논리』(1959)를 들 수 있는데, 그 책은 1934년에 독일어로 발간된 『탐구의 논리Logik der Forschung』를 영어로 옮긴 것이다. 그는 과학철학은 물론 사회철학에도 일가견을 가지고 있어 『열린 사회와 그 적들』(1945)과 『역사주의의 빈곤』(1957)을 매개로 합리적인 토론과 비판이 가능한 열린 사회open society의 중요성을 설파했다. 포퍼는 자신의 과학철학과 사회철학에 대한 논의를 『추측과 논박』(1963)으로 종합했으며, 『객관적 지식: 진화론적 접근』(1972)을 통해 생물의 진화와 지식의 변동을 결합시킨 진화인식론evolutionary epistemology을 제창하기도 했다.[1]

반증가능성

포퍼는 인간의 경험은 시공간적으로 한계가 있어 모든 것을 경험할 수는 없다는 점을 들어 논리실증주의의 검증가능성을 비판한다. 그는 어떤 과학적 이론이 옳다는 것은 완벽하게 증명할 수 없지만, 그것이 옳지 않다는 것은 확실히 알 수 있다고 주장한다. 예를 들어, '모든 까마귀가 검다'는 가설은 완전히 증명될 수 없다. 왜냐하면 아무리 많은 까마귀가 검다고 하더라도 앞으로 다른 색깔의 까마귀가 나타나지 않는다는 확실한 보장은 없기 때문이다. 그런데 어느 날 흰 까마귀가 나타난다면 '모든 까마귀가 검다'는 가설은 옳지 않은 것이 되고 만다. 이처럼 특정한 가설이 경험적 증거에 의해 기각되는 것을 '반증falsification'이라고 한다.[2]

포퍼의 반증주의가 가진 핵심적인 주장을 요약하면 다음과 같다(장대익 2008, 74). 우선, 주어진 문제들을 잘 설명 혹은 해결하는 것으로 보이는 가설을 제시한다. 그 후 가설을 반박하는 경험적 사례가 발견되면, 그 가설을 곧바로 폐기한다. 그렇지 않은 경우에는 그 가설을 그대로 유지한다. 이 때 가설이 입증되었다고 주장해서는 안 되며, 그저 몇 차례의 혹독한 경험적 시험에 잘 견뎌왔다고 말할 수 있을 뿐이다. 포퍼는 이러한 점을 적절히 표현하기 위해서 검증이나 입증 대신에 용인corroboration('확인' 혹은 '방증'으로 번역되기도 함)이라는 용어를 사용했다(Popper 2001, 121~123). 포퍼에게 모든 지식은 반증의 사례가 발견될 때까지만 한시적으로 옳은 것이 된다.

그런데 포퍼에 따르면, 모든 진술이 반증의 시도에 놓이는 것은 아니다. 아무리 반증을 해보려 해도 반증할 수 있는 사례가 존재하지 않기 때문에 반증 자체가 아예 불가능한 진술이 존재한다는 것이다. 그는 반증이 가능한 진술과 불가능한 진술을 구분한 후 경험적으로 반박될 수 있는 가능성, 즉 반증가능성falsifiability 혹은 오류가능성fallibility을 가진 진술만이 과학적 진술scientific statement이라고 규정한다. 포퍼는 과학과 비非과학에 대한 구획 기준demarcation criteria을 매우 중시했으며, 그 기준으로 반증가능성을 제시했던 것이다.

예를 들어, 다음의 6가지 진술을 보자(차머스 2003, 101~103).

① 수요일에는 비가 오지 않는다.

② 모든 물체는 열을 받으면 팽창한다.

③ 벽돌을 공중에서 놓을 때, 외부의 힘을 받지 않으면, 벽돌은 아래로 떨어진다.

④ 오늘은 비가 오거나 오지 않는다.

⑤ 유클리드 기하학에서 원주상의 모든 점은 중심에서 같은 거리에 있다.

⑥ 모험적인 투기에서 행운이 온다.

위의 진술 중에서 ①, ②, ③은 반증가능한 진술이고, ④, ⑤, ⑥은 그렇지 않은 진술이다. ①은 어떤 수요일에 비가 내리는 것을 관찰함으로써 반증할 수 있고, ②는 어떤 물체가 열을 받았는데도 팽창하지 않는 경우를 관찰함으로써 반증할 수 있다. ③도 반증가능하다. '벽돌을 놓으면 위로 떨어진다'는 주장은 비록 관찰에 의해 지지될 수는 없지만 논리적으로 모순은 아니다. ④의 경우에는 반박할 수 있는 관찰이 존재할 수 없고, ⑤는 유클리드 기하학의 정의에 따라 참이다. ⑥은 점쟁이의 책략에 해당하는 것으로 점쟁이가 어떤 사람과 내기를 건다면 항상 이길 수 있다.

이러한 맥락에서 포퍼는 많은 사람들이 과학이라 믿어 왔던 프로이트Sigmund Freud의 정신분석 이론과 마르크스Karl Marx의 사회주의 이론을 사이비라고 비판했다. 내부의 논리 구조는 그럴듯하지만, 이론의 옳고 그름을 판단할 가능성 자체가 아예 닫혀 있다는 것이다. 예를 들어, 어린이를 익사시키려고 물속에 집어던지는 사람이 있고, 반대로 어린이의 생명을 구하기 위해 물속에 뛰어드는 사람이 있다고 하자. 프로이트는 첫 번째 사람의 행동에 대해서는 억압 본능으로 인한 고통에 그 원원이 있다고 설명할 것이고, 두 번째 사람의 행동에 대해서는 억압 본능이 승화된 것으로 설명할 것이다(Popper 2001, 79~80). 마르크스의 사회주의 이론도 마찬가지의 성격을 띠고 있다. '자본주의가 충분히 발전하면 사회주의화된다'는 주장은 반증할 수 없는데, 왜냐하면 자본주의가 충분히 발전한 상태가 분명하지 않기 때문이다. 또한 자본주의 국가가 노동자의 복지를 위한 정책을 도입하는 것에 대해서도 자본가들이 곧 일어날 프롤레타리아 혁명을 저지하거나 지연시키기 위한 방책에 불과하다고 해석할 수 있다.[3]

반증가능성에도 수준이나 정도가 있다. 예를 들어, 다음과 같은 두 개의 법칙이 있다고 하자. ① 화성은 타원형 궤도로 태양 주위를 돈다. ② 모든 행성은 타원형 궤도로 태양 주위를 돈다. 여기서 ②는 ①보다 주장하는 바가 많기 때문에 반증가능성이 높다. 포퍼는 반증가능성의 수준이나 정도를 나타내기 위해 '잠재적 반증가능자potential falsifier'라는 개념을 도입하면서 잠재적 반증가능자가 많을수록 더욱 포괄적인 주장을 담고 있으며 더욱 좋은 이론이라고 간주한다. 또한 구체적인 진술을 포함한 주장일수록 반증가능성은 더욱 높아진다. 예를 들어, 빛의 속도가 300×10^6m/s라는 진술보다 299.8×10^6m/s라는 진술이 더욱 높은 반증가능성을 가지고 있다(차머스 2003, 105~109).

포퍼에 따르면, 훌륭한 과학자는 반증가능성이 높은 이론을 제시하고 그것을 비판적으로 검토하는 사람이며, 사이비 과학자는 비판에 정면으로 대응하지 않고 계속 변명을 하는 사람이다. 포퍼의 이러한 주장은 과학자에 국한되지 않고 지식인 전체로 확장되고 있다. 그가 평생의 화두로 삼았던 합리성은 비판과 반증을 존중하는 지식인의 열린 태도에서 나오는 것이었다. 그의 사상을 '비판적 합리주의critical rationalism'라고 하는 까닭도 여기서 찾을 수 있다.

과학의 진보

포퍼는 과학의 진보progress를 굳게 믿었는데, 그의 생각은 다음과 같이 요약할 수 있다. 과학은 문제에서 출발하며, 과학자들은 이 문제를 해결하기 위해 반증가능한 과학적 가설을 제시한다. 어떤 가설은 반증 사례가 등장하여 폐기되기도 하지만, 다른 가설은 성공적으로 살아남는다. 한때 성공적이었던 이론도 이후에 반증의 도마에 오르게 되며, 그 경우에는 이미 해결된 문제가 아닌 새로운 문제가 나타난다. 과학자들은 새로운 문제를 설명할 수 있으면서도 좀처럼 반증되지 않을 것 같은 또 다른 가설을 제시하며, 그 가설은 다시 새로운 비판과 시험을 받는다. 이러한 과정이 반복되는 가운데 과학은 점진적으로 진보하는 양상을 보인다. 포퍼에 따르면, 엄격한 시험을 계속해서 통과한 이론이 절대적 참은 아니지만, 진리에 더욱 가까이 다가간 것으로 간주될 수 있다. 그는 이러한 생각을 '진리 접근성verisimilitude'('진리 근접도' 혹은 '박진성'으로 번역되기도 함)이란 용어로 표현했다(신광복·천현득 2015, 36~37).[4]

특히, 포퍼는 당시의 배경 지식과 모순되는 대담한bold 추측이 지지되거나 배경 지식에 순응하는 조심스러운cautious 추측이 반증될 때 과학이 의미 있는 진보를 이룬다는 점을 강조했다. 이에 관한 예로는 코페르니쿠스의 태양중심설과 마이컬슨Albert Michelson의 광속 측정에 대한 실험을 들 수 있다. 16세기에 코페르니쿠스는 천체의 운동을 체계적으로 설명하기 위하여 태양중심설이라는 대담한 가설을 제안했고, 그것이 다양한 이론적 설명과 경험적 증거에 의해 지지됨으로써 천문학에서 의미 있는 진보가 일어났다. 또한 19세기 말에 있었던 마이컬슨의 실험은 당초의 기대와 달리 빛의 속도가 관측자나 광원의 운동 상태와 관계없이 항상 일정하다는 점을 보여줌으로써 기존의 에테르 이론이 반증되는 계기로 작용했다. 이와 달리 대담한 추측이 반증되거나 조심스러운 추측이 입증되는 경우에는 과학의 진보에 별다른 기여를 하지 못한다는 것이 포퍼의 생각이었다.

이와 함께 포퍼는 과학의 진보를 위해서는 이론의 임시방편적 ad hoc 수정이 금지되어야 한다고 지적했다. 예를 들어, '빵에는 영양분이 있다'라는 이론이 있다고 하자. 만약 프랑스의 한 마을에서 빵을 먹은 사람들이 영양실조에 걸렸다면 그 이론은 반증된다. 이러한 반증을 피하기 위해 '문제시된 프랑스의 마을에서 생산된 특별한 빵을 제외한 모든 빵에는 영양분이 있다'라는 수정된 이론을 제안할 수 있다. 그러나 그것은 원래 이론을 시험한 방법으로밖에 시험할 수 없기 때문에 임시방편적으로 수정된 이론에 해당한다. 이에 반해 '특별한 균류를 포함하고 있지 않은 밀로 만든 모든 빵에는 영양분이 있다'라는 수정은 새로운 시험을 허용하기 때문에 임시방편적 수정이 아니다(차머스 2003, 121~122).

반증주의의 문제점

반증주의는 논리실증주의와 달리 이론을 지지하는 사례들의 축적에 의해 과학이 발전하는 것이 아니라 반증 사례를 매개로 과학이 진보한다는 입장을 취하고 있다. 그러나 반증주의는 논리실증주의와 마찬가지로 관찰한 사실이 믿을 만하다는 점에 대해서는 의견을 같이 하고 있다. 이에 따라 논리실증주의에 대한 비판 중에 관찰의 이론적재성에 대한 논의는 반증주의에도 동일하게 적용될 수 있다. 관찰을 수행하기 이전에 이미 이론을 가지고 있다면, 사실을 통해 가설이나 이론을 반증한다는 의미가 축소될 수밖에 없는 것이다.

반증주의에 대한 또 다른 비판으로는 증거에 의한 이론의 과소결정 혹은 미결정underdetermination을 들 수 있다. 그것은 프랑스의 물리학자 뒤엠Pierre Duhem과 미국의 분석철학자 콰인Willard Quine이 제기했기 때문에 '뒤엠-콰인 논제Duhem-Quine thesis'로 불리기도 한다. 특히 콰인은 "경험의 법정에 서는 것은 하나의 이론이 아니라 이론적 전체"라는 말로 자신의 경험적 전체론empirical holism을 규정했다(Quine 1951). 뒤엠-콰인 논제에 따르면, 이론이라는 것은 핵심을 이루는 주장과 일련의 보조가설을 포함하는 매우 복잡한 층위로 구성되어 있기 때문에 관찰이나 실험을 통해 산출된 증거가 이론의 어떤 부분을 반증하는지 알 수 없으며 따라서 증거가 이론을 완전히 결정하지 못한다.[5] 이를 다른 각도에서 보면, 어떤 이론과 일치하지 않는 경험적 증거가 등장할 경우에도 해당 이론의 일부를 적절히 조정한다면 이론 전체를 구제할 가능성이 얼마든지 존재하게 된다.

이와 같은 논리적 비판 이외에 반증주의가 실제적인 과학의 역사와 부합되지 않는다는 비판도 만만치 않다. 별의 시차parallax에 대한 문제는 이러한 점을 잘 보여주고 있다. 코페르니쿠스가 제안한 태양중심설에 따르면, 지구가 태양을 공전하기 때문에 지구에서 별을 관측할 때 시차가 나타나야 했다. 그러나 당시의 관측 기술로는 시차가 발견되지 못했고, 그것은 1838년에 독일의 과학자인 베셀Friedrich W. Bessel에 의해 처음으로 관측되었다. 이처럼 별의 시차는 태양중심설에 대한 중요한 반증 사례였지만, 이로 인해 17~18세기의 과학자들이 태양중심설을 버리지는 않았다. 사실상 반증 사례가 등장할 때마다 과학 이론이 변경된다면 과학자들은 많은 경우에 매우 불안정한 활동으로 근심해야 할 것이다.

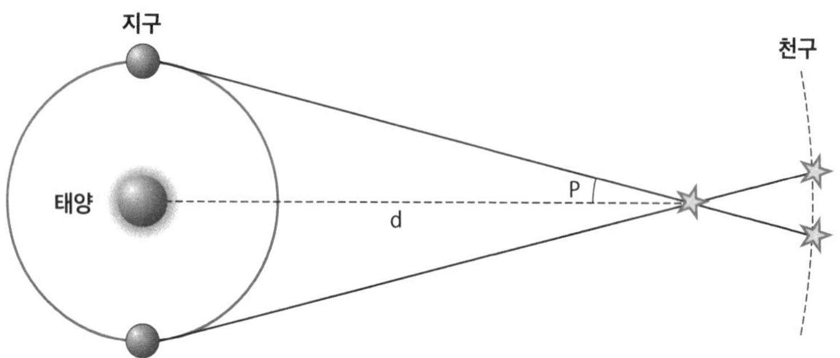

〈그림 12〉 별의 시차를 보여주고 있는 그림. d는 태양부터 별까지의 거리, p는 지구에서 관측되는 시차에 해당한다. 16세기의 유명한 관측천문학자인 브라헤는 시차가 관측되지 않는다는 점을 들어 코페르니쿠스의 태양중심설을 거부했다.

이보다 더욱 극적인 경우도 있다. 반증 사례를 무시함으로써 새로운 과학적 진보가 이루어진 사례인데, 해왕성의 발견이 여기에 해당한다. 19세기에 들어 천왕성의 궤도를 관측한 결과가 뉴턴 역학의 예측과 어긋난다는 점이 알려지자 뉴턴 역학을 포기해야 한다는 주장이 제기되기 시작했다. 그러나 뉴턴 역학의 궁극적인 성공을 굳게 믿었던 프랑스의 르베리에Urbain Le Verrier와 영국의 애덤스John Adams는 또 다른 새로운 별이 천왕성 바깥의 적당한 위치에 적당한 질량을 가지고 존재한다면 천왕성의 궤도가 설명될 수 있다는 과감한 제안을 내놓았다. 행성 하나를 더 만들어냄으로써 예측과 관측치의 차이를 해결하려 했던 것이다. 이러한 시도는 1846년에 독일의 갈레Johann Galle가 해왕성이 존재한다는 점을 발견함으로써 성공적으로 마무리될 수 있었다.

수성의 궤도에 관한 사례는 해왕성의 발견과는 다른 양상을 보여준다(이상욱 외 2007, 167~168). 수성이 태양에 가장 가까이 가는 지점, 즉 근일점perihelion이 매년 바뀌는 현상도 뉴턴의 역학이론으로는 정확히 설명되지 않았다. 이에 몇몇 천체물리학자들은 벌컨Vulcan이라는 새로운 행성이 수성 안쪽에 존재할 것이라는 제안을 내놓았지만, 그것은 결코 발견되지 않았다. 이처럼 수성의 근일점 이동은 뉴턴의 역학이론을 반증하는 사례였지만, 그렇다고 해서 뉴턴의 이론이 과학자 사회에서 배제되지는 않았다. 20세기에 들어서야 아인슈타인이 중력이론으로 수성의 올바른 궤도를 예측했으며, 이를 계기로 뉴턴 이론은 반증된 것으로 간주되었다. 이러한 사례는 과학자들이 특정한 이론에 문제점이 있더라도 그 이론보다 더 좋은 대안적 이론이 없을 경우에는 해당 이론을 포기하지 않는다는 점을 시사하고 있다.

포퍼의 반증주의는 5장에서 살펴본 논리실증주의와 마찬가지로 과학의 역사에서 나타나는 실제 사례와 부합하지 않는다는 비판을 받아왔다. 사실상 논리실증주의와 반증주의는 구체적으로 주장하는 내용에 상당한 차이를 보이지만, 과학 활동이 따라야할 규범의 형식적 혹은 논리적 조건들을 제시했다는 공통점을 가지고 있다. 이러한 측면에서 논리실증주의와 반증주의는 '형식적 접근' 혹은 '논리적 과학철학'으로 평가되고 있다. 이에 대한 새로운 대안으로 등장한 것은 '역사적 과학철학'인데, 과학철학의 주된 흐름이 논리적 과학철학에서 역사적 과학철학으로 변경된 것은 '역사적 전환historical turn'으로 불린다.

7

쿤의 패러다임 이론

개종의 어려움은 과학자들 자신에 의해서도 자주 주목을 받아 왔다. 다윈은 『종의 기원』의 마지막 부분에서, 특히 유난히 깊은 통찰력이 드러나는 구절에서 이렇게 적었다. "나는 이 책에서 제시된 견해들이 진리임을 확신하지만, … 오랜 세월 동안 나의 견해와 정반대의 관점에서 보아 왔던 다수의 사실들로 머릿속이 꽉 채워진 노련한 자연사학자들이 이것을 믿어 주리라고는 전혀 기대하지 않는다. … 그러나 나는 확신을 갖고 미래를 바라본다. 편견 없이 이 문제의 양면을 모두 볼 수 있을 젊은 신진 자연사학자들에게 기대를 건다." 그리고 플랑크는 『과학적 자서전』에서 자신의 생애를 돌아보면서, 서글프게 다음과 같이 술회하고 있다. "새로운 과학적 진리는 그 반대자들을 납득시키고 그들을 이해시킴으로써 승리를 거두기보다는, 오히려 그 반대자들이 결국에 가서 죽고 그것에 익숙한 새로운 세대가 성장하기 때문에 승리하게 되는 것이다."

토머스 쿤(2013, 262~263)

쿤은 물리학에서 출발하여 과학사를 거쳐 과학철학으로 학문적 지평을 넓혀갔으며, 자신을 "철학적 목적을 위해 역사로 전환한 물리학자"로 묘사한 바 있다. 그의 저서에는 『과학혁명의 구조』 이외에도 『코페르니쿠스 혁명』(1957), 『본질적 긴장』(1977), 『흑체 이론과 양자 불연속』(1978), 『구조 이후의 길』(2000) 등이 있다. 쿤이 주목한 과학혁명과 과학사에서 다루는 과학혁명은 그 의미가 다르다. 과학사에서는 과학혁명The Scientific Revolution을 16~17세기 유럽에서 근대과학이 출현한 현상을 지칭하는 개념으로 사용한다. 이와 달리 쿤은 코페르니쿠스의 태양중심설, 뉴턴의 고전역학, 라부아지에의 연소이론, 다윈의 진화론, 아인슈타인의 상대성이론 등과 같은 다양한 과학혁명'들'에 주목하면서 그것들에 공통된 구조가 있다는 점을 밝히고자 했다. 1962년에 『과학혁명의 구조』

의 초판이 발간된 이후에 쿤의 과학철학에 대해서는 수많은 옹호와 비판이 잇따랐는데, 1965년에는 이를 주제로 삼은 국제적인 세미나가 개최되기도 했다(Lakatos and Musgrave 1970).[1]

패러다임

쿤의 과학철학에서 중심을 이루는 개념은 패러다임paradigm이다. 패러다임은 과학 활동에서 직면하는 구체적인 과제에서 한 과학자 사회가 공유하는 세계관에 이르는 일련의 요소로 구성되어 있다. 패러다임은 마치 안경과 같은 것으로서 과학자는 안경을 혹시 바꿔 쓸 수는 있을지언정 벗을 수는 없다. 과학자는 패러다임이란 안경을 통해 탐구의 대상과 방법을 기획하며, 탐구의 결과 역시 특정한 패러다임을 통해 평가한다. 핸슨이 관찰의 이론적재성을 주장했다면, 쿤은 과학 활동의 '패러다임 적재성'을 제안했던 셈이다.

그렇다면 쿤은 어떤 동기에서 패러다임이란 개념에 착안하게 되었을까? 쿤은 1948년에 코넌트James Conant 총장의 요청으로 하버드 대학교에서 물리학의 역사를 가르치면서 '아리스토텔레스 경험'으로 불리는 색다른 경험을 하게 된다. 물체의 운동 속도가 물체의 무게에 비례하고 매질의 밀도에 반비례한다는 아리스토텔레스의 운동이론은 갈릴레오와 뉴턴에 의해 정립된 고전역학을 배운 사람들로서는 이해하기 힘든 것이었다. 쿤은 아리스토텔레스의 운동이론을 이해하기 위해 노력하는 과정에서 고대과학과 근대과학 사이에 점진적 진화나 오류의 교정이 아닌 개념적 틀의 변혁이 존재했음을 깨달을 수 있었다(홍성욱 2005, 145). 또한 쿤은 1958년에 스탠포드 대학교의 행동과학 고등연구센터에 펠로fellow로 있으면서 자연과학자들과 사회과학자들의 차이를 실감할 수 있었다. 자연과학자들과 달리 사회과학자들 사이에는 정당한 과학적 문제와 방법의 성격에 대해서 공공연한 의견 대립이 있었던 것이다(쿤 2013, 54~55).

쿤은 자연과학자들이 힘, 질량, 화합물 등의 정의를 배우지 않고서도 그 용어를 일치된 개념으로 사용하고 있는 것은 그 용어가 나오는 문제를 푸는 표준적인 방법을 배우기 때문이라는 점에 주목했다. 이러한 점은 언어를 배우는 학생이 amo, amas, amat를 익혀 그 표준형을 그 밖의 라틴어 제1변화 동사들에 적용하는 절차에 비유될 수 있다. 언어교육에서 표준적인 활용을 보여주는 예를 패러다임이라고 하듯이, 쿤은 과학교육에서 사용되는 표준적인 예제, 즉 범례exemplar를 패러다임이라고 불렀다. 패러다임의 범위는 이후에 점차 확장되었다. 처음에 범례에 국한되었던 패러다임이 범례가 실린 고전을 뜻하게 되고, 나중에는 특정한 과학자 사회가 가진 신념의 집합을 의미하게 된 것이다(Kuhn 1977, xviii~xix).

그렇다면 패러다임에는 무엇이 포함되는가? 우선 어떤 과학 분야에 기본이 되는 이론과 법칙, 그리고 그것에 사용된 개념이 패러다임에 포함된다. 또 과학자들이 과학적 지식을 획득하는 수단인 범례도 패러다임의 중요한 부분이다. 더 나아가 어떤 유형의 문제를 푸는 데 사용하는 방법에 대해서도 한 과학자 사회에는 공통된 생각이 있으며, 이것도 패러다임에 포함된다. 그뿐이 아니다. 과학 이론을 평가하는 데 사용되는 가치척도에 대해서도 한 과학자 사회는 어느 정도 공통된 의견이 있고, 이것도 패러다임에 포함된다. 이 외에도 어떤 이론이나 분야가 취급 가능하다고 생각하는 문제의 범위, 더 크게 보아서는 자연 현상을 인간이 얼마만큼 설명할 수 있느냐에 대해서도 과학자 사회는 대개 공통된 관념이 있고, 이것도 패러다임의 일부가 된다. 다시 말해서, 패러다임은 어떤 과학자 사회의 구성원이 공유하는 것이고, 거꾸로 과학자 사회는 패러다임을 공유하는 사람으로 이루어진다. 이것은 명백한 순환적 정의인데, 쿤은 1969년에 쓴 「후기」에서 과학자 사회가 패러다임에 의존하지 않고도 형성될 수 있다고 지적함으로써 과학자 사회의 우선성을 인정한 바 있다(쿤 2013, 296).

패러다임은 과학과 비非과학을 구획하는 기준이 되며, 특정한 과학자 사회의 활동에 일종의 정합성을 부여한다. 패러다임은 그것을 지속적으로 지지하는 집단을 얻을 만큼 강력하면서도 과학자들에게 문제의 해결을 맡길 만큼 개방적인 특징을 가지고 있다. 또한 패러다임은 고전역학처럼 포괄적인 것이 되기도 하고, 빛의 입자설과 같이 제한된 분야를 지배하는 것일 수도 있다. 패러다임은 융통성 있는 개념이기도 하지만 모호한 개념이기도 해서 쿤의 비판자들 사이에 많은 논란을 불러 일으켰다. 이와 관련하여 영국의 언어학자인 매스터만Magaret Masterman은 쿤이 패러다임을 적어도 21가지의 뜻으로 사용한다고 분석하기도 했다(Lakatos and Musgrave 2002, 107~155).

이러한 비판에 직면하여 쿤은 「후기」를 통해 패러다임의 개념을 더욱 분명히 했다. 그는 패러다임을 넓은 의미의 전문분야 행렬disciplinary matrix과 좁은 의미의 범례examplar로 나누었다. 여기서 전문분야 행렬은 기호적 일반화symbolic generalization, 형이상학적 모형metaphysical model, 가치values, 범례 등으로 구성된다. 기호적 일반화는 특정한 과학자 사회가 의문 없이 받아들이는 보편언명의 형태를 지니는 것으로, F=ma, I=V/R, E=mc^2 등이 여기에 해당한다. 이러한 표현은 주로 과학적 법칙에 해당하는데, 법칙은 개념 간의 관계를 나타내면서 특정한 이론을 구성한다. 형이상학적 모형은 '기체 분자는 미소한 탄성의 당구공이 무작위 운동을 하는 것처럼 간주된다'와 같은 존재론적 가정을 의미한다. 가치는 정확성, 일관성, 단순성 등과 같이 과학이 가져야 할 바람직한 특성에 해당하는 것으로 특정한 과학자 사회의 구성원들이 문제점을 확인하거나 이론을 평가할 때 더욱 부각되는 경향을 보인다.

범례에 대하여 쿤은 "철학적으로 보다 심오"하며 "가장 새롭고 가장 이해되지 못한 부분"이라고 지적한 바 있다(쿤 2013, 294; 311). 범례는 단순한 예제example가 아니라 모범적인 사례에 해당하는 것으로, 과학을 배울 때 누구나 거쳐 가는 문제와 이에 대한 표준적인 풀이를 의미한다. 다른 각도에서 보면 범례는 과학자 사회가 중요하다고 생각하는 이론이나 법칙을 매우 성공적으로 적용한 사례에 해당한다. 범례는 주로 교과서textbook나 종설논문review paper을 통해 제시되는데, 교과서나 종설논문의 목적은 현재까지 합의된 과학 내용을 효과적으로 정리해서 학습자에게 제공하는 데 있다. 패러다임을 좁은 의미로 사용한다면, 공통된 범례가 제시되지 않은 것은 과학으로 보기 어려우며, 공유하는 문제나 해결책이 다르면 패러다임도 다르다고 볼 수 있다.

사실상 과학을 배우는 과정에서는 어떤 이론이나 법칙을 명확히 알기 전에 범례들을 접하게 되며, 그러한 범례들에 익숙해지면서 해당 이론이나 법칙에 대한 이해에 도달하게 된다. 다시 말해 범례들을 반복적으로 학습하는 과정을 통해 서로 다른 현상이 동일한 이론이나 법칙의 지배를 받는지에 대해 알 수 있게 된다. 가령 자유낙하운동, 포물선운동, 진자운동 등에 대한 범례를 익히면서 F=ma로 표현되는 법칙이나 이론을 이해할 수 있는 것이다. 범례의 기능을 쉽게 설명하기 위해 쿤은 동물원에 간 아이의 예를 들고 있다. 아이는 동물원에서 궁금한 것을 계속 묻고 부모의 대답을 들으면서 무엇이 백조이고 무엇이 오리인지, 그리고 왜 저것이 거위가 아닌지를 익힌다. 이러한 측면에서 범례를 통해 배우는 것은 자연세계의 유사성 관계에 관한 지식이라고 할 수 있다(Kuhn 1977, 309~312; 조인래 편역 1997, 138~140).

정상과학

이와 같은 패러다임에 입각한 과학 활동을 '정상과학normal science'이라 한다. 정상과학의 시기에 패러다임은 매우 안정된 위치에 있다. 즉 과학자 사회의 구성원 전체가 패러다임을 공유하며 이에 대한 의심을 가지지 않는 것이다. 특히 패러다임을 구성하는 기본이론은 완전히 받아들여지므로 그것의 성립 여부에 대한 비판적 질문은 전혀 제기되지 않는다. 정상과학 시기에 과학자가 어떤 문제를 푸는 경우 진짜로 시험되는 것은, 주어진 현상이 기본이론과 부합되는가 하는 것이 아니라 과학자가 기본이론을 사용해서 그 현상을 설명할 수 있는 능력을 가지고 있는지의 여부에 있다. 포퍼의 반증 개념과 비교해 보면 쿤에게 있어서 반증을 당하는 것은 이론이 아니라 사람인 셈이다.

쿤은 정상과학 시기의 과학 활동을 퍼즐 풀이puzzle-solving에 비유하고 있다. 어떤 퍼즐이든 공통적인 두 가지 특징이 있다. 하나는 정답이 있다는 것이고, 다른 하나는 그 답에 이르는 규칙이 있다는 것이다. 퍼즐을 즐기는 사람이 그 문제에 답이 있고 언젠가는 그것이 해결될 것이라는 사실 때문에 더 재미를 느끼듯이, 정상과학을 수행하는 과학자들의 경험도 이와 크게 다르지 않다. 정상과학 시기에 과학자가 수행하는 구체적인 활동으로는 의미 있는 사실의 결정, 사실과 이론의 일치, 이론의 명료화 등을 들 수 있다(쿤 2013, 61). 즉, 패러다임은 어떤 주제가 연구하기에 흥미롭고 만족스러운지 결정해 주고, 새롭게 밝혀진 사실을 이론과 일치시키는 기준이 되며, 보편상수와 같은 측정치를 정교화하거나 이론상의 모호함을 제거하는 데 기여한다는 것이다.

이처럼 정상과학의 시기에는 기존 이론에 대한 비판이 본격적으로 이루어지기 어렵다. 정상과학 시기의 과학자들은 새로운 이론을 추구하는 대신에 기존 이론이 가진 위력을 보여주는 세부적인 과제를 풀이하는 데 몰두한다. 이러한 세부적 과제들이 하나씩

해결됨으로써 기존 이론의 정확성이나 적용 범위가 더욱 증가하는 것을 통해 과학이 진보할 수 있다는 것이 쿤의 생각이었다. 포퍼는 과학자들의 비판적 태도가 극대화되어야 과학이 진보할 수 있다고 주장했던 반면, 쿤은 정상과학의 시기에 과학자들이 기존 이론을 비판하지 않음으로써 과학의 진보에 기여한다고 생각했던 것이다.[2]

탈脫정상과학의 특징과 문제해결방식

최근에는 쿤의 정상과학에 대비한 탈정상과학post-normal science에 관한 논의가 주목을 받고 있다(Funtowicz and Ravetz 1992; 라베츠 2007, 101~109). 이에 대한 대표적 논자들인 펀토위츠Silvio Funtowicz와 라베츠Jerome Ravetz는 20세기 후반에 과학이 "사실은 불확실하고, 가치는 논쟁에 휩싸여 있으며, 위험 부담은 크고, 결정은 시급한" 상황인 탈정상 시대에 접어들었다고 주장한다.

그들은 시스템의 불확실성과 의사결정에 따르는 위험 부담을 기준으로 다음과 같은 세 가지 유형의 문제해결 방식을 구분하고 있다. 시스템의 불확실성도 낮고 의사결정에 따르는 위험 부담도 낮은 영역에 해당하는 응용과학applied science, 중간 정도의 영역에 해당하는 전문가 자문professional consultancy, 불확실성도 높고 위험부담도 큰 탈정상과학이 그

것이다. 탈정상과학의 영역에서는 퍼즐을 풀이하는 식으로 과학을 응용하거나 다양한 전문가들에게 자문을 구해서 해결책을 마련하는 방식이 더 이상 효력을 발휘할 수 없다.

탈정상시대를 위한 과학의 가장 중요한 특징은 과학의 주체가 과학자 공동체에서 시민과 이해집단을 포함하는 확장된 동료 공동체extended peer community로 바뀐다는 데 있다. 과학적 사실의 경우에도 실험 결과뿐 아니라 관련 당사자의 경험, 지식, 역사 등을 포함하는 확장된 사실extended facts이 중요하게 고려된다. 이러한 변화는 과학기술을 실험실 밖으로 끌어내어 모두가 참여하는 가운데 과학기술의 사회적, 문화적, 정치적 측면에 대해 논의하는 공공 논쟁의 필요성을 부각시키고 있다.

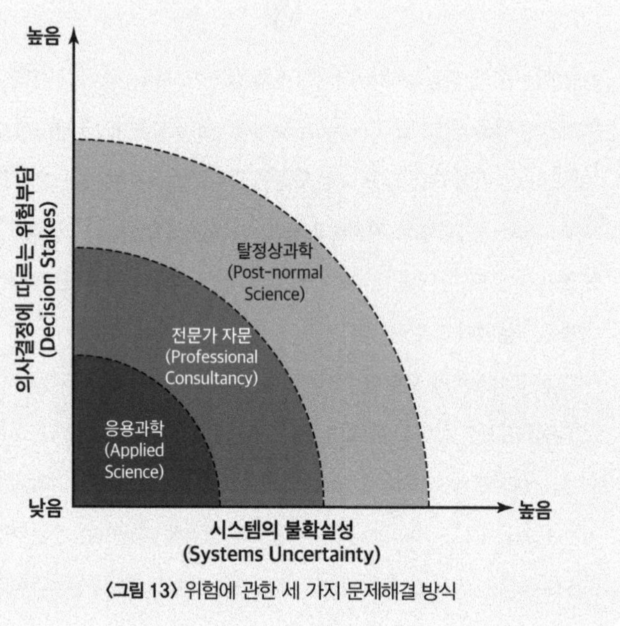

〈그림 13〉 위험에 관한 세 가지 문제해결 방식

과학혁명

정상과학은 그 위력이 막강하지만 난공불락의 성은 아니다. 패러다임이 확고한 기반을 가지고 있을 때에는 그것에 도전하는 것이 어렵지만 기반이 약해진다면 어느 정도 도전이 가능해진다. 과학 연구가 진행되는 과정에는 기존 이론으로는 설명할 수 없는 사례가 발생하기 마련이다. 쿤은 이러한 사례를 '변칙 사례anomaly'라고 불렀다. 그것은 반증 사례와는 차이가 나는 개념이다. 포퍼와 달리 쿤은 패러다임에 반하는 사례가 쌓이더라도 그 패러다임이 곧바로 폐기되지는 않는다고 보았다. 즉 과학자들은 변칙 사례가 나타날 경우에 조정이나 보완을 통해 패러다임을 구제하려고 하는 것이다. 사실상 변칙 사례가 등장할 때마다 자신의 연구 기반이 되는 패러다임을 던져 버리는 것은 효율적이지 않다고 볼 수 있다.

그러나 변칙 사례를 해결하려는 과학자 사회의 노력이 계속해서 수포로 돌아가거나 그것을 해결하기 위한 조정이나 보완이 임의적이어서 과학자 사회가 합의하지 못했을 때에는 기존의 패러다임이 '위기crisis'를 맞게 된다. 여기서 쿤은 위기의 정체가 이론이 위기를 맞는 것이 아니라 과학자 사회의 구성원들이 심리적인 위기감을 느낀다는 데 있다고 보았다. 위기 상황에서는 다양한 가설이 등장하게 된다. 정상과학의 시기에는 조심스럽고 비공개적으로 논의되던 것도 위기의 국면에서는 과감하고 공개적으로 다루어지기 시작한다.

위기의 조성만으로 '과학혁명'이 일어나는 것은 아니다. 또 다른 중요한 조건이 충족되어야 한다. 그것은 바로 대안의 등장이다. 쿤에 따르면, 새로운 대안은 중심부 과학자에게서 비교적 멀리 떨어진 신진 세력에 의해 제기되는 경향을 보인다. 변방의 신진 세력은 기존의 패러다임에 덜 길들여져 있어서 좀 더 자유롭고 참신한 생각을 할 수 있는 것이다. 새로운 이론이 옛 패러다임의 변칙 사례를 더욱 잘 해결하고 나면 과학자들은 그 이론을 중심으로 모여들기 시작한다. 이와 같은 쏠림 현상을 매개로 패러다임의 교체, 즉 과학혁명이 시작되는데, 쿤은 과학혁명을 형태 전환gestalt switch, 종교적 개종, 정치적 혁명 등에 비유하고 있다. 과학혁명이 시작된다고 해서 모든 과학자들이 개종하는 것은 아니다. 옛 패러다임의 주역들은 대체로 자신의 신념을 끝까지 고수하는 경향을 보인다. 쿤은 이와 같은 개종의 어려움을 강조하면서 과학혁명의 완성은 과학자 사회 내부의 세대교체를 동반한다는 점에 주목하고 있다(쿤 2013, 262~263).

이처럼 쿤은 정상과학과 과학혁명이 교체되는 과정을 통해 과학이 변화한다는 견해를 피력하고 있다. 여기서 정상과학은 누적적 성격을 띠는 반면, 과학혁명은 비누적적 성격을 보인다. 이와 관련하여 쿤은 과학혁명을 "옛 패러다임이 그것과 양립하지 않는 새 패러다임에 의해 전체적으로 혹은 부분적으로 대체되는 비누적적인 에피소드들"로 규정하고 있다(쿤 2013, 184). 과학의 역사는 벽돌을 차곡차곡 쌓아 커다란 건물 하나를 짓는 과정이라기보다는 그러한 건물을 어느 날 포클레인으로 밀어버리고 그 옆에 새로운 건물을 짓는 과정에 해당하는 셈이다. 이러한 과정에서는 과거의 지식기반 중 일부가 손실되는 현상이 발생하는데 그것은 '쿤의 손실Kuhn's loss'로 불린다(Fuller 1988, 223).

공약불가능성

쿤은 과학혁명의 성격을 설명하기 위해 '공약불가능성incommensurability'이라는 개념을 제안했다. 공약불가능성은 원래 수학에서 비롯된 용어인데, 그것은 무리수를 a/b와 같은 유리수의 비율로 표현할 수 없다는 점을 의미한다. 이와 같은 공약불가능성이란 개념을 바탕으로 쿤은 두 패러다임을 동일한 기준으로 비교 혹은 평가할 수 없다고 주장했다. 공약불가능성이 발생하는 이유는 경쟁적인 패러다임의 지지자들이 채택하는 가치 척도나 형이상학적 원리가 서로 다르기 때문이다. 또한 서로 다른 패러다임에 속한 개념이나 이론을 하나하나 떼어서 그 우열을 평가하는 것도 불가능하다. 우리가 어떤 개념이나 이론을 수용한다는 것은 해당 개념이나 이론이 입각하고 있는 패러다임을 받아들이는 것을 의미하기 때문이다.

사실상 어떤 패러다임을 채택하느냐에 따라 과학적 개념이 가진 의미는 달라진다. 행성이나 질량은 그 대표적인 예이다. 프톨레마이오스에게는 지구 둘레를 도는 것이 행성이었지만, 코페르니쿠스에게 행성은 태양 둘레를 도는 천체였다. 뉴턴과 달리 아인슈타인에게 질량은 물리계와 관찰자 사이의 상대적 운동 속도에 의해 변화되는 값이었다. 또한 패러다임이 바뀌면 개념의 의미뿐만 아니라 문제의 목록도 변한다. 예를 들어 뉴턴 이전에는 중력과 같은 원거리 작용이 심각한 문제였지만, 뉴턴 역학에서는 중력의 존재가 해결해야 할 과학적 문제의 목록에서 제외되었던 것이다. 이와 함께 패러다임이 바뀌면 문제를 해결하는 방법도 달라지는데, 가령 던져진 물체의 운동은 아리스토텔레스 역학에서는 공기와의 접촉을 바탕으로 설명되었지만 뉴턴 역학에서는 초기 속도와 중력을 통해 분석될 수 있었다(신광복·천현득 2015, 59~60).

이처럼 옛 패러다임에 속한 과학자와 새로운 패러다임을 받아들이는 과학자는 그들 사이에 공정한 비교를 가능하게 하는 공통된 근거가 없으므로, 각각 자신의 견해가 옳다고 믿으면서도 이를 논리적인 토론에 의해 상대방에게 증명할 수는 없다. 다시 말해서 논리의 규칙과 사용되는 자료 자체가 변하는 것이며, 이런 의미에서 각각의 패러다임을 믿는 두 과학자는 전혀 다른 세계에 사는 셈이다. 경쟁적인 패러다임의 지지자들은 세계를 서로 다른 기준으로 보면서 서로 다른 언어로 기술하는 것이다.[3]

공약불가능성은 상당한 논쟁을 불러일으킨 개념이다. 예를 들어 라카토슈는 패러다임을 선택하는 문제가 다수결이나 설득에 의존할 수밖에 없다면, "과학혁명은 비합리적인 것이고 군중심리mob psychology에 관한 것이 된다"고 비판한 바 있다(Lakatos and Musgrave 2002, 293). 이른바 합리주의 대 상대주의의 논쟁이 발생한 것이다. 이 논쟁은 매우 복잡한 것으로 합리주의 혹은 합리성을 어떻게 정의하느냐에 따라 달라질 수 있다. 합리주의를 '경쟁하는 이론들을 평가할 수 있는 보편적 기준이 있다'는 것으로 정의한다면, 논리실증주의자들과 포퍼는 합리주의자이지만 쿤은 상대주의자가 된다. 그러나 여기서 '보편적'이란 문구를 빼고 '경쟁 이론들에 대한 평가 기준이 있다'는 것으로 합리주의에 대한 정의를 완화한다면 쿤을 합리주의자로 구제할 수도 있다.

공약불가능성은 비교불가능성incomparability과는 다른 개념이다. $\sqrt{2}$는 1이나 2와 공통된 척도가 없다는 의미에서 공약불가능하지만 비교불가능하지는 않다. $\sqrt{2}$ 는 1보다는 크고 2보다는 작은 것이다. 2장에서 언급했듯이, 실제로 쿤은 과학의 가치 혹은 이론 선택의 기준으로 정확성, 일관성, 범위, 단순성, 다산성 등의 5가지를 제안한 바 있다. 또한, 쿤에게 가치는 기호적 일반화, 형이상학적 모형, 범례와 함께 패러다임을 이루는 요소 중의 하나이다. 쿤에 따르면, 가치는 다른 요소들에 비해 상이한 패러다임에 속한 과학자들 사이에서도 비교적 폭넓게 공유되는 성격을 띠고 있다(쿤 2013, 307).

문제는 이러한 가치를 과학자 사회가 공통적으로 수용하고 있지만 다양한 가치들이 복합된 단일한 척도와 그 계측방법이 없다는 데 있다. 이에 따라 특정한 이론이나 패러다임을 수용 혹은 거부할 때 어떤 가치가 가장 우세한지는 경우에 따라 달라진다. 코페르니쿠스 혁명의 예를 들어 보자. 사실상 코페르니쿠스 우주구조와 프톨레마이오스 우주구조는 정량적 계산을 위한 정확성의 측면에서는 커다란 차이가 없었다. 그런데도 코페르니쿠스의 우주구조가 수용될 수 있었던 것은 태양을 숭배하고 수학적 단순성을 높게 평가했던 신新플라톤주의neo-Platonism가 큰 영향을 미쳤다는 것이 쿤의 견해이다(Kuhn 1957). 이러한 점에서 쿤의 과학철학은 '논리적 합리성logical rationality'이 아니라 '역사적 합리성historical rationality'을 지향한다고 볼 수 있다.

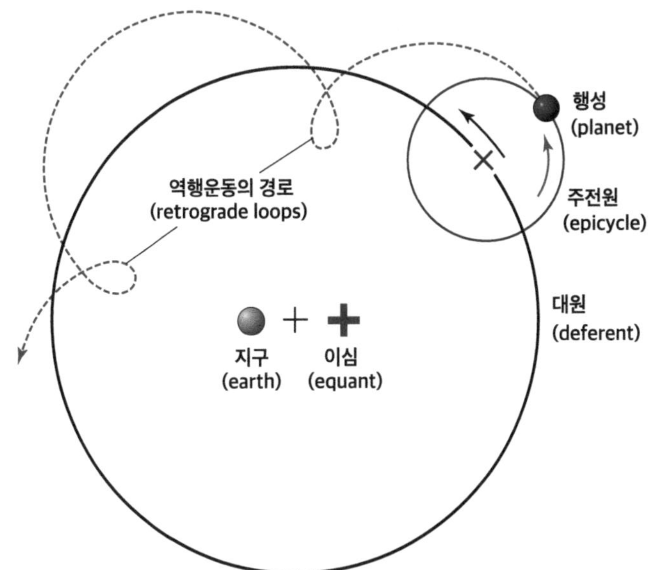

〈그림 14〉 행성의 운동에 대한 프톨레마이오스의 설명. 프톨레마이오스의 지구중심설에서는 행성의 복잡한 운동을 설명하기 위해 주전원epicycle이나 이심equant과 같은 보조가설이 도입되어야 했다. 코페르니쿠스의 태양중심설도 여전히 원 운동에 입각하고 있었기 때문에 주전원은 계속해서 살아남을 수 있었다. 코페르니쿠스의 경우에는 프톨레마이오스에 비해 주전원이 80개에서 30개 정도로 줄어들긴 했지만, 그것은 정도의 차이에 지나지 않았다고 볼 수 있다.

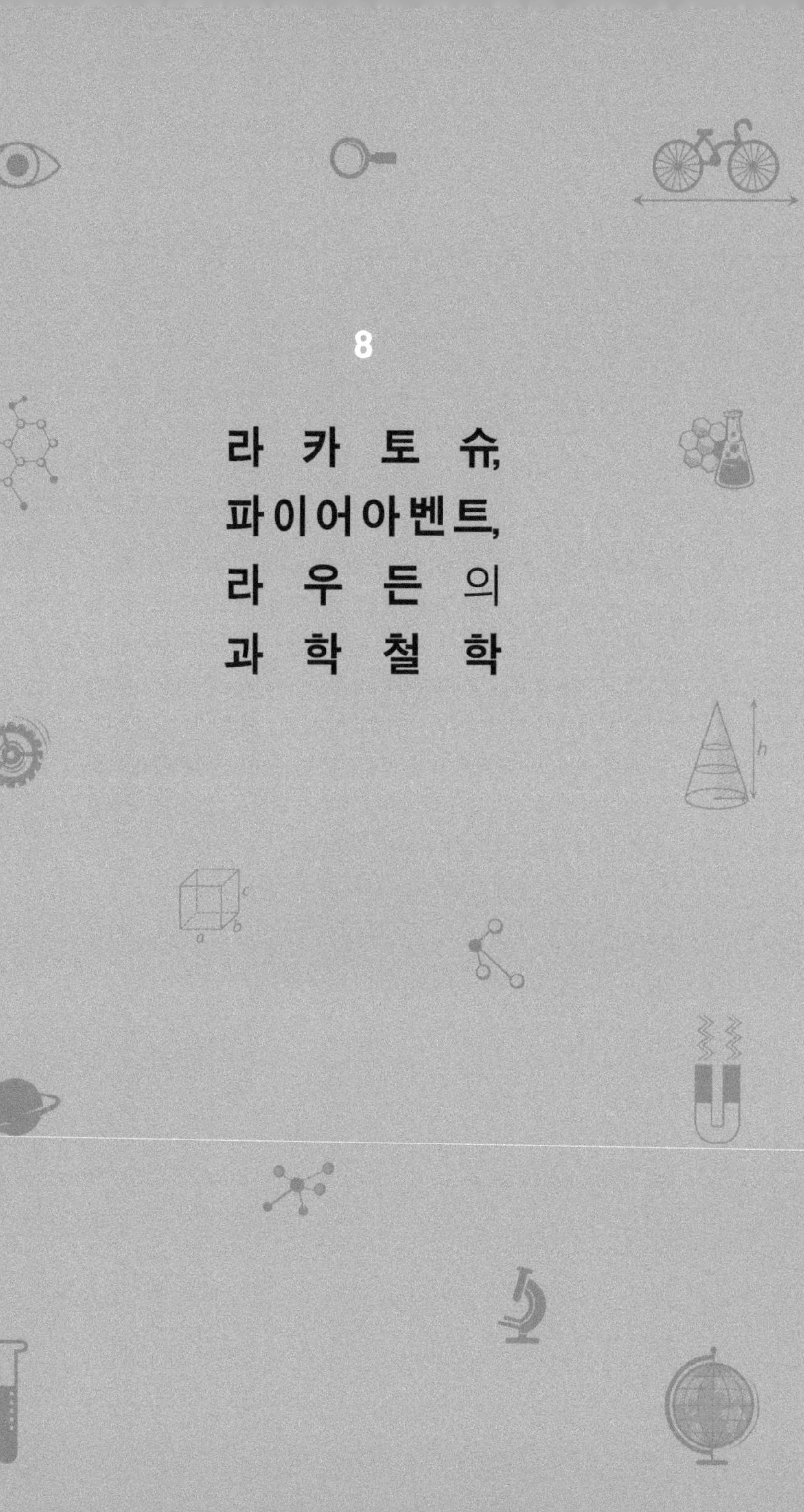

8

라카토슈, 파이어아벤트, 라우든의 과학철학

과학철학의 중심적인 문제는 과학 이론을 규범적으로 평가하는 것과 한 이론이 과학적이기 위해 갖추어야 할 보편적인 조건을 밝히는 데 있다. 후자의 경우로 제한하면 구획 설정의 문제가 되며, 이것은 빈 학단과 포퍼가 관심을 쏟아서 정식화했다. … 일반화된 구획 설정의 문제는 과학의 합리성 문제와 밀접하게 연결되어 있다. 이 문제에 대한 해답은 우리가 어느 때에 어떤 과학 이론을 승인하는 것이 합리적인가 혹은 비합리적인가를 결정할 수 있게 해주는 길잡이 구실을 해야 한다.

임레 라카토슈(Lakatos 2002, 294~295)

쿤 이후에 과학철학에 크게 기여한 개념이나 이론으로는 라카토슈Imre Lakatos의 연구프로그램research program,[1] 파이어아벤트Paul Feyerabend의 무정부주의anarchism, 라우든Larry Laudan의 연구 전통research tradition 등을 들 수 있다. 라카토슈, 파이어아벤트, 라우든은 쿤과 마찬가지로 과학이나 과학 이론을 구조적 전체로 보는 관점을 견지했으며, 과학철학을 논의함에 있어 과학사의 사례를 적극적으로 활용하는 경향을 보였다. 라카토슈는 포퍼와 쿤을 절충하는 과정에서, 파이어아벤트는 쿤의 논지를 극단화하면서, 라우든은 합리성에 대한 실용주의적 입장을 제안하면서 자신들의 과학철학을 전개했다고 볼 수 있다.

라카토슈의 연구프로그램

라카토슈는 "과학사가 없는 과학철학은 공허하고, 과학철학이 없는 과학사는 맹목이다"라는 명언을 남긴 사람이다(Lakatos 2002, 181). 그는 반증주의를 소박한naive 반증주의와 세련된sophisticated 반증주의로 구분하면서 자신의 과학철학을 시작했다. 소박한 반증주의가 단일 이론의 장점을 평가하는 데 그친다면, 세련된 반증주의는 복수 이론의 상대적인 장점으로 초점을 옮기고 있다. 한 이론에 대하여 '그 이론이 반증가능한가?' '어떻게 반증될 수 있는가?' '그 이론이 반증되었는가?' 등을 묻는 대신에 '새롭게 제안된 이론이 기존 이론보다 더 생존력이 있는 이론인가?'를 묻는 것이다. 소박한 반증주의가 반증된 이론을 새로운 이론으로 대체하는 것을 강조하고 있다면, 세련된 반증주의는 어떤 이론이라도 보다 나은 이론으로 대체되어야 한다는 점에 주목하고 있는 셈이다(Lakatos 2002, 68).

소박한 반증주의에서는 경험적으로 반증가능한 이론이 과학적 이론이 된다. 이에 반해 세련된 반증주의에서는 한 이론이 기존 이론보다 경험적 내용을 더 많이 가질 때만 과학적 이론이 된다. 이것은 대안 이론이 없는 경우에는 기존 이론이 경험적 증거와 합치되지 않아도 좀처럼 폐기되지 않는다는 점을 의미한다. 라카토슈에 따르면, 세련된 반증주의에서 과학 이론 T는 다른 이론 T′이 다음과 같은 조건을 만족하는 경우에 한해서만 반증된다. ① T′의 경험적 내용이 T의 경험적 내용을 초과한다. 달리 말하면 T′가 T에 비추어 볼 때 일어날 가능성이 없거나 또는 금지한 사실, 곧 새로운 사실을 예측한다. ② T′은 이전의 이론 T가 성공적으로 설명한 내용을 설명한다. 바꾸어 말하면, T의 반박되지 않은 모든 내용이 관찰 오차의 범위 내에서 T′의 내용에 포함되어 있다. ③ T′의 초과 내용 가운데 일부가 경험적으로 용인된다(Lakatos 2002, 59).

라카토슈는 단 한 번의 반증으로 이론이 폐기된다는 포퍼의 주장과 변칙 사례에도 불구하고 기존의 이론을 고수한다는 쿤의 주장에 의문을 품으면서 이에 대한 대안으로 '연구프로그램'이란 개념을 제시했다. 연구프로그램은 일련의 이론들의 집합으로 '견고한 핵hard core'과 '보호대protective belt'로 구성되어 있다. 견고한 핵은 기본적 원리 혹은 핵심 이론에 해당하는 것이고, 보호대는 견고한 핵을 보호하기 위해 고안된 다수의 보조가설들을 의미한다. 예를 들면, 코페르니쿠스의 태양중심설에서 '모든 행성들이 태양 주위를 공전한다'는 것은 견고한 핵에 해당하고, 코페르니쿠스가 행성의 실제적인 운동을 설명하기 위해 주전원을 도입한 것은 보호대에 해당한다.

라카토슈의 연구프로그램은 과학자들이 준수해야 할 연구지침 혹은 발견법heuristic도 제안하고 있다. 그것은 과학자가 하지 말아야 할 것을 지정하는 부정적 발견법 혹은 소극적 연구지침negative heuristic과 과학자가 추구해야 할 것을 지시하는 긍정적 발견법 혹은 적극적 연구지침positive heuristic이다. 전자는 '연구프로그램의 견고한 핵을 수정하지 말고 원래의 상태를 유지해야 한다'는 지침이고, 후자는 '새로운 자연 현상을 설명하거나 예측하기 위해 보호대를 계속 수정 혹은 보완해야 한다'는 지침이다. 어떤 법칙에 위배되는 현상이 관찰되었을 때 과학자들은 법칙 자체를 수정하는 것이 아니라 새로운 보조가설을 제안하는 방식으로 연구를 진행한다는 것이다. 여기서 부정적 발견법과 긍정적 발견법은 독립된 별개의 것이 아니라 동전의 양면과 같은 성격을 띠고 있다는 점에도 유의할 필요가 있다.

라카토슈의 연구프로그램은 과학의 실제 사례에도 어렵지 않게 적용할 수 있다. '물체의 가속도는 가해지는 힘에 비례하고 그 물체의 질량에 반비례한다'는 뉴턴의 제2법칙을 예로 들어 보자. 만약 가속도가 정확히 힘에 비례하는 현상이 관찰되지 않을 때에는 마찰력이라는 개념을 보호대에 도입함으로써 뉴턴의 제2법칙을 구제할 수 있다. 이와 비슷한 식으로 '물은 100℃일 때 끓는다'는 주장은 '물은 열린 용기 속에서 100℃일 때 끓는다'를 거쳐 '물은 해면의 기압에 있는 열린 용기 속에서 100℃일 때 끓는다'로 보완될 수 있다. 6장에서 언급한 해왕성 발견의 사례도 라카토슈의 연구프로그램으로 해석할 수 있다. 19세기의 천문학자들은 부정적 발견법을 따라 뉴턴의 천체역학은 그대로 두기로 결정했으며, 긍정적 발견법을 적용하여 천왕성 궤도에 영향을 주는 다른 행성이 있을 것이라는 보조가설을 도입했던 것이다.

이처럼 어떤 연구프로그램 안에서의 초기 연구에서는 반증 사례가 존재한다고 해서 연구프로그램 자체가 폐기되지는 않는다. 연구프로그램은 그것의 잠재력을 충분히 실현할 수 있는 기회를 가져야 하며, 새로운 현상을 설명할 수 있는 적절한 보호대가 구성되어야 한다. 이러한 맥락에서 라카토슈는 과학에서 즉각적인 합리성instant rationality은 존재하지 않는다고 주장했다(Lakatos 2002, 154~155). 또한 라카토슈는 연구프로그램이 발전하는 과정에서 중요한 것은 반증이 아니라 입증으로 보았다. 한 연구프로그램의 장점을 보여주는 가장 중요한 척도는 그것이 얼마나 참신한 예측을 하고 입증을 하는가에 달려 있는 것이다.[2]

라카토슈의 연구프로그램은 시간 축을 가지며 진화하는 특징을 가지고 있는데, 그 유형은 다음의 네 가지로 구분할 수 있다(장대익 2008, 164~165). 첫째는 보조가설을 조정하는 것에도 실패하는 경우이고, 둘째는 보조가설의 조정에만 겨우 성공하는 경우이다. 셋째는 보조가설의 조정에 성공함과 동시에 새로운 예측까지 내놓는 경우이다. 마지막 넷째는 보조가설의 조정에도 성공하고, 새로운 예측을 내놓으며, 그 예측이 경험적으로도 입증되는 경우이다. 여기서 첫째와 둘째는 퇴행적 혹은 퇴보적degenerating 연구프로그램에, 셋째와 넷째는 전진적 혹은 진보적progressive 연구프로그램에 해당하는데, 셋째는 이론적 진보가 있는 경우이고, 넷째는 이론적 진보와 함께 경험적 진보도 있는 경우이다.

라카토슈의 연구프로그램이 대체되는 것은 쿤의 패러다임이 교체되는 것과 실질적으로 동등한 효과를 유발한다. 그러나 두 사람 사이에는 커다란 차이점이 존재한다. 쿤에게는 경쟁하는 두 패러다임을 논리적으로 평가할 방법이 없으며, 패러다임 선택에서의 합리성은 몇몇 가치들을 상황에 맞게 적용하는 정도에 그친다. 이에 반해 라카토슈의 경우에는 어떤 연구프로그램이 전진적인가 퇴행적인가를 평가한 후 선택이 일어나기 때문에 쿤보다 더욱 분명한 논리적 합리성이 작동할 수 있다. 이에 대하여 라카토슈는 우리가 전진적 연구프로그램을 선택하고 퇴행적 연구프로그램을 거부한다면, 포퍼가 강조했던 과학의 합리성을 보다 유연한 방식으로 유지할 수 있다고 생각했다(Lakatos 2002, 158~159).

그러나 라카토슈의 주장에도 문제점이 존재한다. 무엇보다도 라카토슈는 연구프로그램 전체를 제거할 수 있는 규칙을 제시하지 못했다. 다시 회복될 것이라는 희망으로 퇴행적 연구프로그램에 집착하는 경우도 얼마든지 존재할 수 있는 것이다. 가령 코페르니쿠스 이론이 의미 있는 성과를 거둘 때까지 그 이론에 집착한 것이 합리적이었다면, 현대의 마르크스주의자들이 역사적 유물론이 유익한 성과를 낼 수 있을 때까지 그것을 발전시키는 것이 왜 합리적이지 않을 수 있는가? 이러한 점은 어떤 연구프로그램이 전진적인가 퇴행적인가를 어느 시점에서 판단해야 하는가 하는 문제를 제기하며, 사실상 연구프로그램의 성격은 오직 회고적으로만 규명될 수 있다는 점을 의미한다. 따라서 라카토슈의 주장은 실제 과학 연구에 뚜렷한 지침을 제공하기 어렵다고 볼 수 있다(차머스 2003, 206~207).

파이어아벤트의 무정부주의

파이어아벤트는 과학철학에서 무정부주의자로 평가되고 있다. 파이어아벤트의 무정부주의에는 방법론적 무정부주의methodological anarchism와 인식론적 무정부주의epistemological anarchism가 중첩되어 있다. 전자는 과학을 하는 데 특별한 방법이 없다는 점을 의미하고, 후자는 과학이 다른 지식과 본질적인 차이를 가지지 않는다는 점을 뜻한다. 그의 과학철학은 『방법에 반하여』(1975)와 『자유사

〈그림 15〉 2000년에 발간된 『방법을 위하여, 그리고 방법에 반하여』의 표지. 평생 동안 절친한 친구로 지냈던 라카토슈와 파이어아벤트의 사진이 보인다.

회 속의 과학』(1978)에 잘 나타나 있다.[3]

파이어아벤트는 위대한 과학자들이 어떤 현상을 가장 자연스럽다고 여겨지는 방식으로 해석하는 데 많은 노력을 기울였다는 점에 주목한다. 과학에서 중요한 문제는 특정한 견해와 모순되는 현상 그 자체가 아니라 그러한 현상을 어떤 방식으로 해석할 것인가에 있다는 것이다. 이에 대한 예로 그는 갈릴레오가 태양중심설을 옹호하기 위해 사용한 논증을 들고 있다. 당시의 대다수 사람들이 지구중심설을 믿었던 중요한 이유 중의 하나는 탑 꼭대기에서 떨어진 물체가 수직으로 낙하하기 때문이었다. 태양중심설에 따르면, 그 물체가 낙하하는 동안 지구가 움직이기 때문에 물체가 떨어지는 지점이 달라져야 했던 것이다. 이에 대하여 갈릴레오는 탑에서 물체가 수직으로 떨어지는 이유는 물체가 낙하 운동을 하는 동안 지구를 따라 원운동도 하고 있기 때문이라고 해석했다. 결국 이러한 갈릴레오의 해석이 자연스러운 해석natural interpretation으로 받아들여지면서 태양중심설은 한 걸음 더 나아갈 수 있었다.

이와 같은 논의를 바탕으로 파이어아벤트는 경쟁하는 이론의 우월성을 결정할 수 있는 객관적 기준이나 방법이 없다고 주장했다. 그는 포퍼, 쿤, 라카토슈 등이 제시한 과학적 방법론에 도전하면서 과학자들이 사용한 방법은 경우에 따라 달라진다는 점에 주목했다. 파이어아벤트에 따르면, 기존의 과학철학자들이 제시하는 규범은 과학의 실상에 맞지 않을 뿐만 아니라 과학의 가장 중요한 특성인 창조성과 상상력을 방해하는 훼방꾼에 불과한 것이었다. 파이어아벤트는 만약 과학적 방법에 원리가 존재한다면 그것은 '어떤 것이든 좋다Anything goes'는 원리라고 고백하기도 했다 (Feyerabend 1975, 296).

파이어아벤트는 많은 과학철학자들이 주목해 왔던 일관성 규칙consistency rule이 논리적으로도 모순이라고 일축했다. 어떤 과학자가 기존 이론과 모순되지만 동등한 설명력을 지닌 참신한 이론을 개발했다고 하자. 일관성 규칙에 따르면, 새 이론은 기존 이론에 대해 일관성을 가지지 않기 때문에 거부되어야 하지만, 새 이론을 만든 과학자의 입장에서는 그것만큼 불합리한 것이 없게 된다. 사실상 일관성 규칙을 일관되게 적용해 보면 과학의 역사는 선착순과 비슷한 것이 되며, 첫 단추가 잘못 꿰어지면 이후의 과학도 줄

줄이 잘못 꿰어질 가능성이 높다(장대익 2008, 179~180).

파이어아벤트는 과학자가 염두에 두어야 할 새로운 규칙으로 '반反규칙counter rules'을 제안했다. 여기에는 '사실들과 잘 어울리지 않을 것 같은 이론들을 개발하고 수용하라'는 규칙과 '잘 확립된 가설들과 모순되는 가설들을 개발하라'는 규칙이 포함된다. 이러한 반규칙을 통해 세상에 나온 이론은 어떤 방법론적 제약도 받지 않고 자연스럽게 증식할 수 있도록 내버려 두어야 하는데, 파이어아벤트는 이를 '증식 원리principle of proliferation'로 불렀다. 이런 식으로 그는 규칙 아닌 규칙 혹은 원리 아닌 원리를 제안했던 셈이다.

이처럼 파이어아벤트는 다양한 이론이 무차별적으로 증식되는 것이 과학의 발전을 이끌 수 있는 유일한 길이라고 보면서 '이론 다원주의theoretical pluralism'로 불리는 입장을 전면에 내세웠다. 이것은 정상과학 시기의 과학 활동이 기존 패러다임에 종속되어 있으며 이에 반하는 이론의 증식을 막는다는 쿤의 주장과 대비된다. 그렇다면 파이어아벤트가 보기에 쿤의 정상과학 시기는 과학의 발전을 가로막는 강압의 시기가 된다. 이러한 맥락에서 파이어아벤트는 쿤에게 "정상과학의 상태에 사느니, 영원한 혁명 속에서 사는 것이 낫다"라는 편지를 쓰기도 했다(신광복·천현득 2015, 72~73).

더 나아가 파이어아벤트는 과학이 너무나 다양한 지적 자원들을 활용함으로써 변화되어 왔기 때문에 과학이라는 지적 활동에만 특권을 부여하는 것은 불합리한 처사라고 주장했다. 그가 보기에 과학은 세계에 접근하는 다양한 방법 중의 하나에 지나지 않으며, 종교, 점성술, 민간요법 등과 같은 다른 지적 활동과 동등한 지위를 갖는다. 이런 점에서 파이어아벤트는 포스트모던 과학철학의 뿌리로 간주되기도 한다. 이와 달리 쿤은 패러다임이라는 과학의 특이성을 강조했기 때문에 쿤을 포스트모던 과학철학자로 분류하는 것은 적절하지 않다.

파이어아벤트는 과학이 권력과 손을 잡고 인간의 전반적인 생활을 규제하고 있는 현대 사회에 대해서도 비판을 가하고 있다. 그는 다양성이 허용되고 개인의 자유로운 선택이 존중받는 사회를 원했으며, 자유를 증대하고 풍요롭게 살아가려는 노력을 옹호하면서 전인적 인간을 길러내고 또 길러낼 수 있는 개성의 함양을 지지했다. 이와 함께 그는 우리의 조상들이 종교의 속박에서 인간을 해방시켰듯이, 우리가 이데올로기적으로 경직된 과학의 속박에서 이 사회를 해방시켜야 한다고 주장했다. 포퍼가 합리적 비판이 가능한 '열린 사회'를 지향했다면, 파이어아벤트는 모든 속박에서 벗어난 '자유사회free society'를 갈망했던 것이다(Feyerabend 1978).

라우든의 연구 전통

라우든은 전통적 합리주의와 극단적 비합리주의를 넘어설 수 있는 새로운 합리성을 모색했다. 그는 실용주의적 입장에서 이론 선택의 기준을 제시함으로써 과학이 합리적임을 보여주려 했으며, 합리성과 진리를 구분함으로써 기존의 합리성이 안고 있는 문제점을 극복하려 했다. 더 나아가 라우든은 과학을 평가하는 단위로 이론, 방법, 목적 등을 포함한 연구 전통을 내세웠다. 그의 저서에는 『진보와 그것의 문제들』(1977), 『과학과 가치』(1984), 『과학과 상대주의』(1990) 등이 있다.[4]

라우든은 과학이 본질적으로 문제풀이problem-solving 활동의 성격을 띤다고 주장했다(Laudan 1977, 11). 과학의 목적이 우주에 대한 진리를 탐구하는 것이 아니라 인식된 문제의 해결에 있다고 보았던 것이다. 그는 과학적 문제를 경험적 문제와 개념적 문제로 구분했다. 경험적 문제는 사실과 이론의 관계에서 발생하는 문제이며, 개념적 문제는 이론 그 자체 혹은 다른 이론과의 관계에서 발생하는 문제이다. 경험적 문제는 그것을 설명해 줄 수 있는 이론을 제시하거나 변칙 사례를 제거함으로써 해결될 수 있고, 개념적 문제는 이론의 내적 일관성을 제고하거나 서로 충돌하는 이론들을 조화시킴으로써 해결될 수 있다.

라우든은 과학에서 진보의 단위를 해결된 문제solved problems로 보았다. 즉 문제해결 능력이 높은 과학은 진보적이며 그렇지 않은 과학은 퇴행적이다. 과학은 설명할 수 있는 경험적 문제를 최대화하고 그 과정에서 발생하는 변칙 사례와 개념적 문제를 최소화함으로써 진보한다. 이와 함께 라우든은 문제해결 능력이 높은 과학을 선택하는 것이 합리적이라고 보았다. 과학이 합리적이기 때문에 진보하는 것이 아니라 진보하는 과학이 합리적이라는 것이다. 이런 식으로 라우든은 합리성을 진보에 종속시킴으로써 과학의 진리성 혹은 진리근접성을 가정하지 않고도 합리성에 대한 이론을 가질 수 있다고 주장했다(Laudan 1977, 125).

라우든은 과학을 평가하는 주요 단위가 개별 이론이 아니라 연구 전통이라는 입장을 보이면서 연구 전통의 특징으로 다음의 세 가지를 들고 있다. 첫째, 모든 연구 전통은 그것을 구체화하고 부분적으로 구성하는 여러 개별 이론들을 가지고 있으며, 이 가운데는 새로 나온 이론도 있고 과거의 것을 계승한 이론도 있다. 둘째, 모든 연구 전통은 형이상학적이면서도 방법론적 측면을 보유하고 있는데, 이것들은 하나의 전체로서 연구 전통에 고유성을 부여하면서 다른 연구 전통과 구분시켜 준다. 셋째, 각각의 모든 연구 전통은 개별 이론과 달리 다양하고 세부적인 정식화를 거치며, 일반적으로 상당히 오랜 역사를 갖는다.

여기서 주목해야 할 것은 하나의 연구 전통 내에 묶인 이론들이 느슨하게 관계되어 있다는 점이다. 그것은 라카토슈의 연구프로그램에서는 이론들이 매우 긴밀하게 연결되어 있다는 점과 대비된다. 따라서 라우든의 경우에는 어떤 이론이 한 연구 전통과 관계를 끊고 다른 연구 전통에 흡수될 수 있는 여지가 존재한다. 예를 들어, 카르노Sadi Carnot의 열에 관한 이론은 열을 칼로릭caloric이란 입자로 간주한 연구 전통 내에서 전개되었지만, 얼마 되지 않

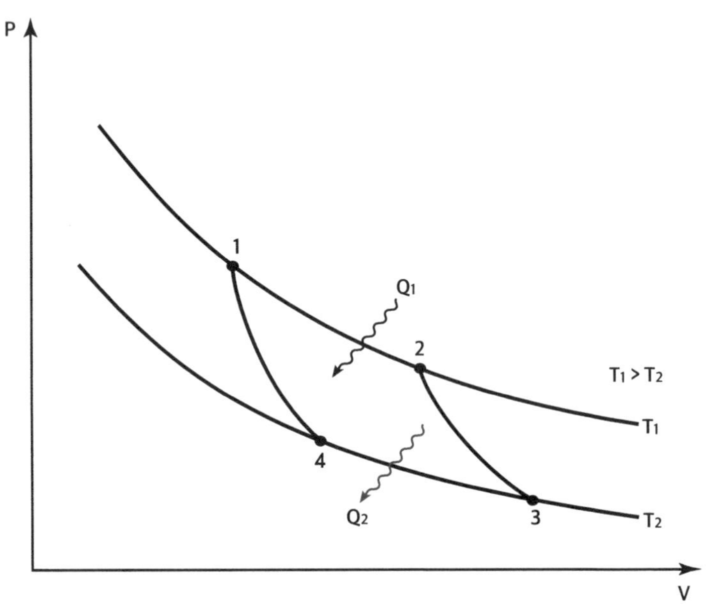

〈그림 16〉 카르노 사이클에 대한 개념도. 카르노의 열에 대한 견해와 무관하게 오늘날에도 널리 사용되고 있다.

아 열을 물질의 운동으로 보는 연구 전통에 인계될 수 있었다(고드프리스미스 2014, 203~204).

라우든이 제안한 연구 전통의 기능을 정리하면 다음과 같다. 첫째, 어떤 연구 전통에 따라 연구하는 모든 과학자들에게 어떤 가정들이 논쟁의 여지가 없는 배경 지식으로 간주될 수 있는지를 나타낸다. 둘째, 이론의 어떤 부분이 문제가 있어 수정 혹은 보완되어야 하는지를 보여준다. 셋째, 자료를 수집하거나 이론을 시험하는 규칙을 확립한다. 넷째, 연구 전통의 존재론적·방법론적 규범을 어기는 이론들에게 개념적 문제를 부과한다.

라우든에 따르면, 과학자가 연구 전통을 대하는 태도에는 승인acceptance과 추구pursuit가 있다(고드프리스미스 2014, 204~205). 승인은 믿음에 가까운 것으로 어떤 것을 승인한다는 것은 그것을 옳은 것으로 취급하는 태도이다. 이에 반해 추구는 옳다고 확신하지 않는 생각을 가지고 일을 하면서 그 생각을 탐구하기로 결정하는 태도에 해당한다. 이러한 구분을 바탕으로 라우든은 우리가 명확히 승인하지 않는 어떤 생각을 추구하는 일이 합리적일 수 있다고 주장한다. 이러한 주장은 우리가 어떤 연구 전통을 승인하지 않더라도 문제해결 능력이 뛰어난 연구 전통을 추구하는 것이 합리적이라는 논변으로 이어진다.

라우든의 연구 전통에 대한 논의는 과학적 합리성에 관한 그

물망 모형reticulated model을 제안하는 것으로 이어졌다(Laudan 1984, 63). 그물망 모형에 따르면, 연구 전통은 이론, 방법론적 규칙methodological rules, 인식적 목적cognitive aims으로 구성되어 있다. 여기서 이론은 방법론적 규칙을 제약하고 방법론적 규칙은 이론을 정당화한다. 방법론적 규칙은 인식적 목적의 실현가능성을 제시하며 인식적 목적은 방법론적 규칙을 정당화한다. 이론과 인식적 목적은 서로 조화를 이룰 수 있어야 한다. 이처럼 라우든의 연구 전통은 이론, 방법, 목적이 서로를 제약하고 정당화하는 구조를 가지고 있다.

라카토슈의 연구프로그램은 이론에 초점을 두면서 견고한 핵과 보호대의 관계를 위계적인 것으로 설정하고 있는 반면, 라우든의 연구 전통은 이론뿐만 아니라 방법과 목적으로 구성되어 있고 이러한 요소들은 일종의 수평적 구조를 이루고 있다. 또한 쿤에게는 이론, 방법, 목적이 하나의 패러다임을 이루어 한꺼번에 변경되는 반면, 라우든은 이론, 방법, 목적 등의 각 요소들이 개별적으로 교체되는 것을 허용하고 있다. 이런 식으로 라우든은 자신의 그물망 모형이 쿤의 전체론이나 라카토슈의 위계적 모형보다 뛰어나다고 주장했던 것이다.

9

사회구성주의의 도전

우리는 실험실을 처음 보는 관찰자가 연구 대상에 접하게 되었을 때 그가 가진 … 믿음에 심각한 타격이 가해지리라는 점을 예상할 수 있다. … 도대체 이 사람들은 무엇을 하고 있는가? 이 사람들이 무엇에 대해 이야기하고 있는 것일까? 여기에 나뉜 공간이나 벽은 무슨 목적에서 만들어진 것일까? 왜 저 방은 어둑어둑한데 이 실험대는 아주 밝게 조명이 되어 있을까? … 실험 준비실에서 끊임없이 소리를 질러대는 이 동물들은 실험에서 어떤 역할을 수행하는 것일까?

브루노 라투르·스티브 울가(Latour and Woolgar 1986, 43)

과학사회학의 창시자로는 머튼Robert K. Merton이 꼽힌다. 그는 1930년대부터 과학자 사회의 규범구조와 보상체계에 대한 연구를 중심으로 과학 제도의 성격에 대한 논의를 진전시켜 왔다(Merton 1973; 윤정로 2000, 64~87). 1970년대가 되면 과학사회학에 새로운 흐름이 등장하는데, 그것은 과학지식사회학sociology of scientific knowledge, SSK으로 불린다. 과학지식사회학은 쿤의 패러다임 이론과 같은 새로운 과학철학, 과학사에서 사회적 요인에 주목하는 외적 접근법external approach, 지식의 존재구속성을 강조한 지식사회학 등을 배경으로 등장했으며, 기존의 과학사회학과 달리 과학 '제도'보다는 과학 '지식'에 초점을 맞추었다. 이처럼 과학사회학이 과학 지식의 성격을 탐구하면서 과학사, 과학철학 등과의 교류가 활발해졌고, 그것은 과학학science studies 혹은 과학기술학science and technology

머튼의 CUDOS 규범

머튼은 1942년에 발표한 논문 「과학의 규범구조The Normative Structure of Science」에서 과학을 합리적인 규범이 지배하는 과학자 사회의 산물로 파악한 후 흔히 'CUDOS 규범'으로 불리는 보편주의universalism, 공동주의communism, 불편부당성disinterestedness, 조직화된 회의주의organized skepticism를 과학에 대한 규범으로 제시했다(Merton 1998, 502~521). 그에 따르면, 과학의 소유권은 과학자 개인이 아니라 과학자 사회 혹은 인류 전체에 귀속되고, 과학은 인종, 국적, 종교, 성, 연령, 사회적 지위 등에 관계없이 보편적으로 적용된다. 또한 과학자들은 개인적·정치적 이해관계에 얽매이지 말고 과학 그 자체를 위하여 활동해야 하며, 과학을 당연한 것으로 받아들이지 말고 비판적 태도를 취해야 한다. 이러한 과학규범은 과학을 효율적으로 발전시키기 위한 기술적 처방이자 과학자들에게 내면화되어 양심을 형성하는 도덕적 처방으로 작용한다는 것이 머튼의 진단이었다. 머튼의 논의는 당시의 시대적 상황을 반영한 것으로 1970년대 이후에는 과학자 사회의 현실과는 거리가 멀다는 비판이 제기되었고, 이에 대한 대안으로 등장한 것이 2장에서 소개한 레스닉의 12가지 원칙이라 할 수 있다(송성수 2014, 7~15).

studies, STS이 본격적으로 형성되는 계기로 작용했다.[1]

과학지식사회학은 과학 지식이 사회와 무관한 것이 아니라 사회적으로 구성된다는 주장에 입각하고 있으며, 흔히 과학에 대한 '사회구성주의social constructivism'로 불린다. 과학지식사회학은 스트롱 프로그램strong programme, 상대주의 경험프로그램empirical programme of relativism, EPOR, 실험실 연구laboratory studies 등의 형태로 발전해 왔다. 스트롱 프로그램은 블로어David Bloor, 반스Barry Barns, 맥켄지Donald MacKenzie, 섀핀Steven Shapin 등의 에든버러 학파를 중심으로 전개되었고, EPOR은 바스 대학의 콜린스Harry Collins가 주창했으며, 실험실 연구에는 라투르Bruno Latour, 울가Steve Woolgar, 크노르-세티나Karin Knorr-Cetina, 린치Michael Lynch 등이 기여했다.[2] 이들은 이미 만들어진 과학ready-made science 대신에 만들어지고 있는 과학science-in-the-making에 주목했으며, 다양한 사례 연구를 통해 과학의 변화에는 관련된 행위자나 사회집단의 이해관계와 협상이 수반되는 복잡한 과정이 매개된다는 점을 잘 보여주었다.

스트롱 프로그램

블로어는 1976년에 초판이 발간된 『지식과 사회의 상』에서 스트롱 프로그램을 주창했다. 지식에 사회적 이해관계가 반영된다는 생각은 만하임Karl Mannheim을 비롯한 사회사상가들에 의해 이미 제기되었는데, 블로어는 그러한 지식에 자연과학도 포함된다는 강한 주장을 펼쳤던 것이다. 블로어는 스트롱 프로그램의 원칙으로 인과성causality, 공평성impartiality, 대칭성symmetry, 성찰성reflexivity 등의 네 가지를 들었다(Bloor 2000, 57~58). 인과성은 사회적 원인과 과학 지식 사이에 대한 설명이 인과적 관계로 이루어져야 한다는 점을 의미하며, 공평성은 연구 사례의 선택이 참과 거짓, 합리성과 비합리성, 성공과 실패 등에 좌우되어서는 안 된다는 점을 뜻한다. 대칭성은 연구사례가 참과 거짓과 같은 대립항에서 어디에 속하든 동일한 유형의 원인으로 설명되어야 한다는 원칙인데, 예를 들어 참된 신념은 합리적 원인으로 설명하고 그릇된 신념에 대해서는 사회학적 원인을 끌어들여서는 안 된다. 마지막으로 이상의 원칙들이 과학 지식뿐만 아니라 스트롱 프로그램 자체에도 동일하게 적용되어야 한다는 것이 성찰성의 원칙이다. 이와 함께 블로어는 어떤 사회적 요인이 과학의 형성에 관여하는지는 오직 경험적 연구를 통해서만 확인할 수 있다고 강조했다. 스트롱 프로그램에 관한 사례 연구에는 골상학, 통계학, 파스퇴르Louis Pasteur와 푸셰Félix Pouchet의 논쟁 등이 있는데, 여기서는 17세기 영국에서 전개되었던 보일Robert Boyle과 홉스Thomas Hobbes의 논쟁에 대해 살펴보기로 한다(Shapin and Schaffer 1985; 송성수 2011b, 18~22).

논쟁은 보일이 공기펌프를 활용하여 진공을 만들어냈다고 주장하면서 시작되었다. 그는 공기펌프를 제대로 제작하기만 하면 똑같은 실험 결과가 나온다는 점을 강조했다. 여기서 공기펌프는 실험 결과를 객관화하고 실험의 성패를 가늠하는 기준으로 작용했다. 즉, 실험을 성공시킨 것은 주관적인 실험자가 아니라 객관적인 실험 기구이며, 실험이 실패한 것은 실험자의 잘못이 아니라 실험 기구의 결함 때문이라는 것이었다.

이와 함께 보일은 새로운 스타일의 실험 보고 양식을 사용했다. 예를 들어 1661년에 발간된 『회의적인 화학자Sceptical Chymist』는 네 명의 참여자가 자유로운 의사 개진을 통해 합의에 도달하는 서술방식을 취하고 있는데, 여기서 보일은 겸손하게 실험 과정을 설명하고 자신의 실수가 있으면 이를 솔직히 인정하는 모습을 보였다. 더 나아가 보일은 실험을 공적인 자리에서 재현함으로써 다른 사람들에게 집단적인 체험의 기회를 제공했다. 이제 실험의 객관성을 보장하는 것은 실험자 개인이 아니라 실험을 목격한 집단이 되는 것이다. 특히, 왕립학회를 통한 공인은 대중들이 실험을 직접 목격하지 않고도 그것을 객관적 사실로 수용할 수 있게 했다.

이에 대해 홉스는 보일의 공기펌프에서 진정한 진공이 만들어진 적은 없었다고 비판했다. 홉스는 보일의 공기펌프에 새는 곳이 많으며 그것을 작동시키기도 어려웠다고 지적했다. 또한, 홉스에 따르면, 보일은 공기펌프를 계속 개조하여 펌프의 복제를 힘들게

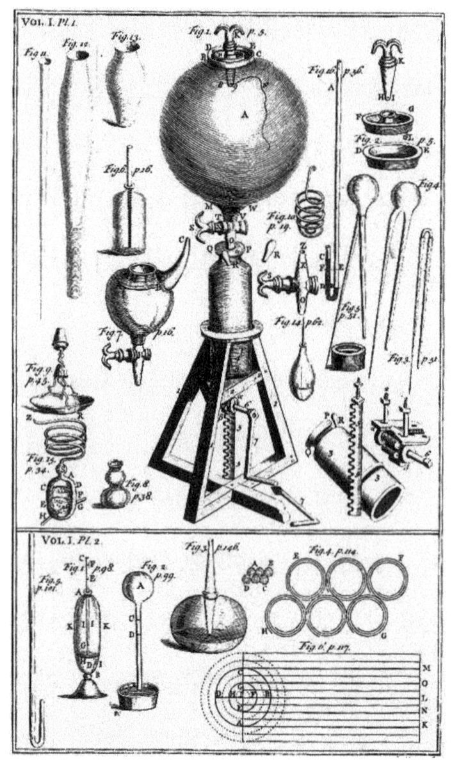

〈그림 17〉 보일이 사용한 공기펌프에 대한 개요도. 보일은 귀족 출신으로 재산이 많았기 때문에 고가의 실험 기구는 물론 조수도 둘 수 있었다. 그의 조수 중 유명한 사람으로는 세포벽을 발견한 훅Robert Hooke과 압력솥을 발명한 파팽Denis Papin이 있다.

했고 이에 따라 다른 사람들이 보일의 주장을 검증하는 것은 쉽지 않았다. 더 나아가 홉스는 공기펌프로 공기를 제거할 때 촛불이 꺼지거나 동물이 죽는 현상을 매우 미세한 입자의 소용돌이 운동으로 설명하기도 했다.

보일과 홉스의 논쟁이 단순히 진공의 존재 여부를 놓고 벌어진 것만은 아니었다. 보일은 원인의 불가지성不可知性을 표방한 확률적 지식을 목표로 삼았기 때문에 모든 사람의 동의나 그것을 강제할 절대자가 필요하지 않았다. 그는 이러한 철학에 동조하는 사람들을 모아 자유로운 의사소통과 의견수렴의 광장을 건설하는 것을 갈망했다. 이에 반해 홉스가 자연철학의 모델로 삼았던 기하학은 모든 사람에게 자명한 규범을 제시하는 것이었고, 그는 절대적 권위를 가진 지도자가 행위의 원칙을 제시하고 모든 사람들이 이에 복종함으로써 만장일치가 이루어지는 사회를 목표로 삼았다. 두 사람의 상이한 과학관은 서로 다른 사회사상을 대변하고 있었던 것이다.

두 사람의 논쟁은 결국 보일의 승리로 귀결되었다. 그렇다면 보일이 성공한 이유는 무엇인가? 이에 대한 해답은 당시 영국의 사회적 맥락과 실험자 집단의 대응에서 찾을 수 있다. 사치스러운 궁정과 청빈한 지방의 대립, 국교도와 청교도의 대립, 크롬웰을 중심으로 한 급진파의 득세와 같은 이전의 혼란에 대처하여 왕정복고기에는 급진주의를 배격하고 회복된 왕정과 새로운 계층의 이해를 타협시키려는 노력이 경주되었다. 이러한 상황에서 태동한 왕립학회는 급진적인 성향을 가지고 있지 않으며 오히려 중용적인 사회 분위기에 부합한다는 것을 보여야 했다. 당시의 왕립학회 회원들은 자신들이 표방하고 있는 실험철학이 당시의 사회적 문제를 해결할 수 있다고 주장했다. 실험철학은 어떠한 독단적 권

위도 부인하기 때문에 관용적인 종교와 균형 잡힌 정치의 기반이 된다는 것이다. 더 나아가 그들은 실험철학을 공동으로 추구하는 왕립학회가 당시 영국 사회의 지향점인 개인과 전체의 조화를 이미 달성했다고 선전했다. 이러한 왕립학회의 선전이 성공함으로써 실험철학은 17세기 영국 사회에서 자리 잡을 수 있었던 것이다.

상대주의 경험프로그램

스트롱 프로그램이 과거의 사례에 대한 분석에 치중했다면, 콜린스는 현대 과학에 대한 논쟁을 다루면서 상대주의 경험프로그램EPOR을 주창했다. 콜린스는 특정한 과학 지식이 핵심집단core set을 중심으로 논쟁과 합의를 거쳐 만들어지는 과정에 주목하면서 EPOR을 다음과 같은 세 가지 단계로 체계화했다(Collins 1981). 첫째는 해석적 유연성interpretative flexibility의 단계로 특정한 과학연구에 대한 해석이 분분하여 어느 방향으로 나아갈지 모르는 상태를 드러내는 것을 의미한다. 둘째 단계에서는 해석적 유연성을 제한함으로써 논쟁이 종결되고 합의가 형성되는 메커니즘을 찾는다. 마지막 셋째 단계에서는 논쟁 종결의 메커니즘과 보다 거시적인 사회구조 사이의 관계를 규명한다. 이런 식으로 과학에서 해석적 유연성을 보여준 후 논쟁이 종결되는 메커니즘을 찾고 그 배후에 존재하는 사회적 요인에 주목하는 것이 EPOR의 절차이다.[3] 콜린스는 1985년에 초판이 발간된 『변화하는 질서』에서 레이저와 중력파에 대한 사례연구를 소개했는데, 여기서는 '실험자의 회귀 experimenter's regress'라는 논점을 제기한 것으로 유명한 중력파 검출 여부에 관한 논쟁을 검토하기로 한다(홍성욱 2004, 43~47; 콜린스 외 2005, 167~198).[4]

아인슈타인의 일반상대성이론은 천체의 항성처럼 부피가 큰 운동체에서 발생하는 중력파를 예측하고 있었는데, 이에 대한 검출은 실패를 거듭해왔다. 일반상대성이론을 지지하는 사람들은 중력파가 너무 약해서 탐지되기가 어렵다고 생각했지만, 몇몇 물리학자들은 중력파의 존재에 의문을 제기하기도 했다. 그러던 중 1969년에 미국 메릴랜드 대학교의 물리학자 웨버Joseph Weber가 중력파를 발견했다고 주장했다. 자신이 만든 원통형 알루미늄 검파기를 통해 우주공간에서 지구로 오는 중력복사선의 존재를 보여주는 증거를 찾았다는 것이다.

웨버의 발표는 상당한 반향을 불러일으켰고, 적어도 10개의 다른 실험자 집단이 그의 실험을 재현하려고 시도했다. 여기서 콜린스는 흥미로운 점을 발견했는데, 웨버가 제작한 것과 똑같은 검파기를 사용한 집단은 하나도 없었다는 것이다. 웨버와 똑같은 검파기를 사용하게 되면 과학자로서의 명성에 크게 도움이 되지 않기 때문이었다. 이와 달리 웨버보다 우수한 검파기를 만들어 그의 주장을 입증한다면 이 분야의 연구를 주도할 수 있을 것이었고, 반대로 새로운 검파기로 웨버의 주장을 반박한다면 웨버보다 더욱 능력 있는 과학자가 될 수 있을 것이었다.

10개의 실험자 집단이 수행한 재현 실험의 결과는 중력파가 검출되지 않는 것으로 나타났고, 결국 1975년에 이르면 중력파 검출을 둘러싼 논쟁은 웨버의 실험이 틀렸다는 쪽으로 종결되었다. 그렇다면 당시의 실험자 집단은 서로 다른 검파기로 실험을 수행했음에도 불구하고 어떻게 웨버가 틀렸다는 결론에 도달할 수 있었을까? 여기서 콜린스는 '실험자의 회귀'라는 흥미로운 논점을 제기했다(Collins 1992, 84). 실험 결과가 옳은지 아닌지는 탐지할 수 있을 만큼의 중력파가 존재하는가에 달려 있다. 이것을 입증하기 위해서 우리는 좋은 검파기를 만들고 그것이 어떤 결과를 가져오는가를 봐야 한다. 하지만 그 검파기가 우수한지 아닌지는 그것을 통해 중력파를 관측할 때까지는 알 수 없는 일이다. 이처럼 실험자는 실험장치의 유효성을 관측 결과를 통해 판단할 수밖에 없고, 관측 결과의 타당성은 실험장치의 유효성에 근거하여 평가할 수밖에 없는 순환론에 빠지게 된다.

언젠가 이러한 무한 회귀는 멈추어야 하는데, 콜린스는 논쟁이 종결된 이유를 찾기 위해 중력파 실험에 참여한 과학자들을 대상으로 인터뷰를 실시했다. 이를 통해 알아낸 사실은 과학자들이 웨버의 실험을 평가하는 기준에 과학자의 경력, 출신 대학의 명성, 과학계의 네트워크에 편입된 정도 등과 같은 과학 외적인non-scientific 요소들이 많았다는 점이다.[5] 특히 중력파 논쟁의 사례에서 콜린스가 발견한 것은 가윈Richard Garwin이라는 물리학자가 미친 영향력이었다. 가윈은 작은 검파기를 만들어 간단한 실험을 한 후에 웨버의 주장을 분쇄하기로 마음먹었다. 그는 자신의 팀원이 웨버가 컴퓨터 프로그래밍에서 저지른 오류를 직접 지적하도록 주문했고, 본인 스스로도 대중적인 물리학 잡지에 웨버의 오류를 보고했으며, 랭뮤어Irving Langmuir가 1953년에 쓴 병리적 과학pathological science에 대한 논문을 다른 물리학자들과 회람하기도 했다. 이러한 가윈의 행보 덕분에 유보적인 입장을 취하던 물리학자들도 웨버의 반대편으로 돌아서게 되었다(Collins 1992, 92~95; 콜린스 외 2005, 192~196).

콜린스는 논쟁이 종결된 또 다른 이유를 캘리브레이션calibration('보정'으로 번역되기도 함)에서 찾았다. 그것은 이미 잘 확립된 표준을 사용하여 서로 다른 기구들을 비교할 수 있도록 만드는 작업을 의미한다. 웨버의 비판자들은 정전력electrostatic force을 사용해서 자신들의 검파기에 눈금을 매겼고, 웨버에게도 같은 방식으로 그의 기구를 표준화할 것을 주문했다. 웨버는 이러한 캘리브레이션이 중력파 검출의 경우에 적합한지에 대해 회의적이었지만, 사회적으로 합의된 강요를 받아들일 수밖에 없었다. 여기서 콜린스는 캘리브레이션이 분명히 과학적인 절차이지만, 어떤 표준을 선정할 것인가 하는 문제는 사회적 합의의 성격을 띤다고 지적했다. 이처럼 실험자의 회귀를 종결시킨 궁극적 원인은 캘리브레이션의 과정에 얽혀 있는 사회적 요소였다(Collins 1992, 100~106).

자전거의 변천 과정에 대한 사회구성주의적 해석

콜린스의 EPOR은 핀치Trevor Pinch와 바이커Wiebe Bijker에 의해 기술변화에 대한 설명에도 활용되었으며, 그것은 기술의 사회적 구성론social construction of technology, SCOT으로 불린다(Pinch and Bijker 1987). 특정한 기술과 관련된 사회집단relevant social groups은 해석적 유연성interpretative flexibility을 가지고 있어서 자신의 이해관계에 따라 기술이 지니고 있는 의미와 문제점을 서로 다르게 파악한다. 이에 따라 각 사회집단은 문제점에 관한 해결책으로서 상이한 기술적 인공물을 제시하며, 그것을 둘러싼 논의가 확산되는 과정에서 사회집단들 사이에는 문제점과 해결책에 관한 갈등이 발생한다. 이러한 갈등은 집단적이고 정치적인 성격을 가진 협상이 진행되는 매우 복잡한 과정을 거쳐 결국 어느 정도 합의에

도달한 기술적 인공물의 형태가 선택된다. 이처럼 논쟁이 종결되는 단계, 즉 안정화 단계에 이르게 되면 관련된 사회집단들은 자신들이 설정한 문제점이 해결되었다고 인식하게 되며 이전과는 다른 차원의 새로운 문제를 제기하기 시작한다.

자전거의 변천 과정에 대한 사례연구는 이러한 점을 잘 보여주고 있다. 자전거와 관련된 사회집단에는 자전거를 만든 기술자뿐만 아니라 남성 이용자, 여성 이용자, 심지어 자전거 반대론자까지 포함된다. 각 집단은 자전거의 의미를 자신의 이해관계나 선호도에 따라 다르게 해석했다. 앞바퀴가 높은 자전거(19세기에는 이런 자전거를 'ordinary bicycle'로 불렀다)에 대하여 스포츠를 즐겼던 젊은 남성들은 남성적이고 속도가 빠른 인공물로 해석했지만, 여성이나 노인에게는 그것이 안전성을 결여한 인공물에 지나지 않았다. 공기타이어가 처음 등장했을 때 여성이나 노인은 진동을 줄이는 수단으로 간주했던 반면, 스포츠를 즐겼던 사람들에게는 쿠션을 제공하는 공기타이어가 오히려 불필요한 것이었다. 자전거 반대론자들은 공기타이어를 미적 측면에서 꼴불견인 액세서리로 치부했으며, 일부 엔지니어들은 공기타이어 때문에 진흙길에서 미끄러지기 쉬워 안전성이 더욱 떨어진다고 생각했다. 자전거와 관련된 사회집단들은 자전거의 문제점들에 대해 다양한 해결책을 내놓았다. 진동 문제의 해결책으로는 공기 타이어, 스프링 차체 등이 거론되었고, 안전성 문제를 해결하는 대안으로는 오늘날과 같은 안전자전거 safety bicycle 이외에도 낮은 바퀴 자전거, 세발자전거 등이 제안되었다. 여성의 의상 문제에 대한 해결책으로 〈그림 18〉에 나타난 것과 같은 특

〈그림 18〉 19세기 중엽까지 자전거의 지배적인 형태는 앞바퀴가 높은 자전거였다. 그것은 주로 젊은 남성들이 선호했지만 치마를 입은 여성들을 위해 변형된 모델이 만들어지기도 했다.

수한 형태의 높은 앞바퀴 자전거가 설계되기도 했다. 19세기 말에 앞바퀴가 높은 자전거 대신에 안전자전거가 정착하는 데에는 자전거 경주가 중요한 역할을 담당했다. 사람들의 일반적인 예상을 깨고 공기타이어를 장착한 안전자전거가 다른 자전거보다 빠르다는 것이 자전거 경주를 통해 입증되었던 것이다. 이를 통해 공기타이어의 의미는 진동을 억제하는 장치에서 속도 문제에 대한 해결책으로 다시 정의되었다.

실험실 연구

실험실 연구는 과학 지식이 구성되는 현장인 실험실에서 벌어지는 활동과 담론을 참여관찰의 방식으로 분석하는 것을 의미한다. 실험실 연구는 인류학에서 발달한 민속지ethnography의 방법을 과학에 적용한 것인데, 이때 연구자는 원주민이 당연시하는 것을 조명하기 위한 방편으로 이방인stranger의 관점을 취해야 한다. 실험실 연구는 실험실에서 실제로 어떤 일이 일어나고 있는가에 대해 주목하며, '있는 그대로의 과학science as it happens'을 정확히 서술하는 것을 목표로 삼는다. 실험실 연구는 참여관찰에 의한 과학 활동의 동시적 추적을 강조함으로써 정보제공자에 대한 의존에서 기인하는 매개적 구성intermediary construction과 추후의 사건 전개에 영향을 받는 회고적 구성retrospective construction의 결함을 피하고자 한다(Woolgar 1982). 여기서는 실험실 연구의 화제작으로 꼽히는 라투르와 울가의 『실험실 생활』의 주요 주장에 대해 검토하기로 한다(홍성욱 1999, 43~49; 김경만 2004, 225~248).[6]

라투르와 울가가 참여관찰을 수행했던 장소는 미국 캘리포니아 주에 소재한 솔크 연구소Salk Institute였다. 솔크 연구소의 과학자들은 1969년에 간뇌에서 분비되는 티로트로핀 방출인자thyrotropin releasing factor, TRF라는 호르몬을 발견하여 1977년 노벨 생리의학상을 수상했다. 솔크 연구소는 TRF를 추출하기 위해 돼지 머리를 500톤이나 소비했다고 한다. 라투르와 울가는 솔크 연구소에서 21개월 동안 머물면서 생화학 실험실에서 이루어지는 과학자들의 일상과 실험을 관찰했다. 라투르와 울가는 과학에 대한 전문적인 훈련을 받은 적이 없고 미국에 별다른 연고도 없는 이방인이었다. 라투르는 프랑스의 철학도였고 울가는 영국의 사회학도였던 것이다.

라투르와 울가가 처음 발견한 것은 실험실 내의 과학 활동이 혼란스럽고 무질서하다는 점이었다. 어떤 종류의 실험 기구를 사용할 것인가, 어떤 유형의 실험을 선택할 것인가, 실험 결과에 대해 어떤 해석이 가장 적절한가 등에 대한 결정은 지극히 국소적이고 우연적인 성격을 띠고 있었던 것이다. 특히 라투르와 울가는 과학자들이 수많은 쓰기 활동을 한다는 점에 주목했다. 과학자들은 읽은 논문을 노트하고, 자신들의 아이디어를 메모하며, 실험 데이터를 기록하고, 연구 논문을 쓰거나 고치는 등 끊임없는 글쓰기를 하고 있었던 것이다. 실험실에 있는 많은 기구들 또한 직간접적으로 기록과 연결되어 있었으며, 라투르와 울가는 과학자들이 수행한 실험의 결과를 다양한 형태의 문건으로 변형시키는 기구들을 '기록장치inscription device'로 불렀다(Latour and Woolgar 1986, 48~51).

그렇다면 과학자들이 측정한 데이터는 어떻게 과학적 사실의 지위를 획득하게 되는가? 라투르와 울가는 과학자들이 사실을 만들어가는 과정에서 특정한 패턴이 보인다는 점에 주목했다. 실험이 계속 진행되면서 서로 연관성이 없던 일련의 측정치들은 어떤 동일한 사실의 존재를 시사하는 것으로 간주되기 시작한다. 이를 계기로 측정에 통일성이 부여되며 그동안 실험 기구의 눈금 읽기에 불과했던 측정치는 특별한 의미가 있는 것으로 간주된다. 결국 과학자들은 자신들의 측정치가 외부의 객관적 존재, 즉 사실을 표시하는 것으로 인지하기 시작한다. 이러한 과정에서 사실을 표현하는 언어의 양식도 변환된다. 'x가 TRF의 존재 가능성을 제안했다'는 유형의 진술에서 시작된 후 그 다음에는 'x가 TRF의 존재를 여러 차례 확인했다'는 유형을 거쳐 'TRF의 존재가 확인되었다'는 유형의 진술로 변환되는 것이다. 처음에는 TRF가 언어적 구성물에 불과했지만, 어느 순간 실존하는 대상으로 간주되기 시작했고, 결국은 외부 세계에 원래부터 존재하는 객관적인 사실의 지위를 획득하게 되는 셈이다. 마지막 단계의 진술이 x라는 주체가 없어진 비개인적인 문법 양태를 띤다는 점도 특기할 만하다.

솔크 연구소의 과학자들이 TRF의 발견을 확신하게 된 이유는 무엇일까? 이 질문에 대한 라투르와 울가의 대답은 사회학적인 것이었다. 솔크 연구소 이외의 다른 집단도 같은 주제를 연구하고 있었는데, 두 집단이 서로 정보를 교류하고 논쟁을 벌이는 과정에서 데이터의 표준에 대한 타협이 이루어졌다는 것이다. 한 집단이 보고한 데이터가 설득력이 떨어지면 합의에 이르지 못하게 되고, 그 집단은 더욱 강력한 데이터를 발견해서 다음 라운드로 진입하게 된다. 이런 식의 논쟁과 협상이 계속되는 가운데 일정한 시기가 되면 과학자들은 TRF를 배경 잡음으로부터 구별하는 기준에 대해 합의를 도출하게 된다. 라투르와 울가는 이와 같은 사회적 협상이 TRF의 존재를 구성한다고 보았으며, TRF를 두 집단 사이의 사회적 협상의 산물로 간주했다. "실재는 논쟁 종식의 결과이지 결코 원인이 될 수 없다"는 것이 라투르와 울가가 내린 결론이었다(Latour and Woolgar 1986, 236). 이처럼 과학자들이 사회적 협상을 통해 TRF를 '구성'했음에도 불구하고 공식적인 자리에서는 그것을 마치 '발견'한 것으로 이야기한다는 점도 흥미로운 사실이다.

10

실험으로의 전환

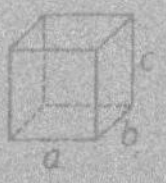

실험은 고유한 생명을 가지고 있으며, 이론에 관련은 되지만 종속되는 것은 아니다. … 이론과 실험 사이에는 너무나 많은 상이한 관계가 존재한다는 점, 이들 관계는 서로 다른 분야에서 상이하다는 점, 그리고 이들 관계는 단일 분야가 발전하는 동안에 변화한다는 점을 확립해야 한다. 또한 심지어 고도의 이론적 분야에서도 어떻게 실험이 종종 이론에 앞서 왔는가 하는 점도 설명해야 한다. 여기서 나는 그동안 크게 간과되어 왔던 실험의 역할을 기술하려는 철학적인 기획을 떠맡겠다.

이안 해킹(Hacking 1991, 131)

1980년대를 전후하여 과학사, 과학철학, 과학사회학 등에서는 새로운 연구 동향이 생겨났다. 이전의 연구가 과학적 이론에 집중되었다면 1980년대 이후에는 실험에 대한 연구가 본격화되었던 것이다. 이러한 현상은 실험으로의 전환turn to experiment 혹은 새로운 실험주의new experimentalism의 등장으로 평가되고 있다. 물론 이전에도 실험에 대한 연구가 지속적으로 이루어져 왔지만, 기존의 연구는 주로 이론을 구축하기 위한 수단이나 이론을 시험하기 위한 수단으로 실험에 주목해 온 경향을 보였다. 하지만 새로운 실험주의에서는 실험을 이론에 종속적인 것이 아니라 독립적인 것으로 간주하면서 실험 자체를 본격적으로 다루고 있다. 새로운 실험주의의 전개에는 여러 학자들이 기여했는데, 여기서는 실험철학의 창시자로 평가되는 해킹Ian Hacking과 오늘날 과학사학계의 대표

주자로 꼽히는 갤리슨Peter Galison의 논의를 검토하기로 한다.[1]

해킹의 실험실재론

해킹은 처음에 과학적 실재론을 옹호하기 위해 실험을 도입했다. 그는 1981년에 발표한 논문 「우리는 현미경을 통해 보는 것인가?」에서 광학 현미경과 전자 현미경의 사례를 다루었다(Hacking 1981). 광학 현미경과 전자 현미경은 물리적으로 다른 장치이고 그것들이 기대고 있는 이론적 원리도 상이하다. 이러한 차이에도 불구하고 어떤 대상에 대한 이미지가 두 장치에서 동일하게 나타난다면, 그 이미지를 실재적인 것으로 간주할 수 있다는 것이 해킹의 논변이었다. 그는 실재론을 이론 실재론과 존재자 실재론entity realism으로 구분한 후 존재자 실재론이 이론 실재론보다 가치중립적이며 더욱 중요하다고 보았다.

해킹은 1983년에 『표상하기와 개입하기』를 출간하면서 실험 자체에 더욱 관심을 기울였다(Hacking 1983). 여기서 그는 허셜William Herschel과 마이컬슨의 사례를 들면서 실험이 거시적 이론과 독립적이며 '고유한 삶life its own'을 가질 수 있다고 주장했다. 1800년에 허셜은 천문 관측을 위해 각기 다른 색의 필터를 사용했는데, 어느 날 우연히 서로 다른 필터 아래 손을 놓았을 때 자신의 손이 느끼는 열의 정도에 차이가 있다는 점을 알아차렸다. 이로 인해 허셜은 다른 색깔의 광선이 전달하는 열의 투과와 흡수에 대해 탐구하게 되었으며, 그것은 눈에 보이지 않은 광선인 적외선을 발견하는 성과로 이어졌다. 이처럼 허셜이 적외선을 발견하는 과정에서는 별다른 이론이 필요하지 않았다. 허셜의 적외선 발견은 관찰이 반드시 이론적재적인 것이 아니라 관찰이 이론으로부터 독립해 있다는 점을 지지하는 사례로 간주되고 있다.

19세기 말에 있었던 마이컬슨의 실험도 실험의 고유한 삶을 잘 보여주는 사례이다. 에테르 이론의 신봉자였던 마이컬슨은 두 차례의 실험을 통해 에테르의 존재를 확인하고자 했다. 1881년에 있었던 첫 번째 실험에서 그는 에테르의 효과를 측정하지 못했지만, 실험 장치에 문제가 있어 오차가 너무 크다고 생각했다. 마이컬슨은 1887년에 몰리Edward Morley와 함께 보다 정교한 실험 장치를 만들어 다시 에테르의 효과를 발견하려고 했지만 그 역시 실패로 끝났다. 이처럼 실험 데이터는 마이컬슨이 원하는 대로 나와주지 않았고, 그는 다른 문제에 대한 연구에 착수했다. 마이컬슨의 실험은 1905년에 아인슈타인이 특수상대성이론에 관한 논문을 발표한 이후에 에테르가 존재하지 않는다는 점을 보여주는 증거로 활용되었다.[2]

더 나아가 해킹은 실험적 조작이 '현상의 창조creation of phenomena' 와 연결되어 있다는 점을 강조하고 있다. 오늘날의 과학자들이 수행하고 있는 많은 실험은 일상적인 경험에 관한 것이 아니라 자연세계에서 순수하게 존재하지 않는 대상이나 과정을 만들어 내는 작업에 해당한다. 예를 들어, 소립자의 충돌에 관한 실험은 자연 상태에서 거의 존재하지 않거나 존재하더라도 짧은 시간 동안에만 나타난다. 이러한 제약을 넘어서기 위해 실험과학자들은 실험에 의해 현상을 창조함으로써 자연 탐구의 폭을 크게 확대했다. 실험과학자들은 일상적인 자연에 존재하지 않는 것을 실험실 안에서 만들어내어 자연의 본성에 접근하는 길을 열고 있는 것이다.

이러한 논의를 바탕으로 해킹은 과학철학의 주된 논점이 표상하기representing에서 개입하기intervening로 전환되어야 한다고 주장했다. 19세기 말만 해도 원자의 존재를 입증할 장치를 만드는 기술이 없었기 때문에 표상의 수준에서 실재론을 논의할 수밖에 없었다. 하지만 이제는 사정이 달라져 그런 장치를 만들 수 있으며, 그것을 바탕으로 과학자가 실험에 개입함으로써 다양한 존재자들에 대한 연구를 수행할 수 있게 되었다. 이와 같은 실험적 실천이 갖는 적극성으로부터 해킹은 조작가능성manipulability에 관한 논제를 도출했다. 그의 조작가능성 논제는 어떤 존재자를 그 밖의 다른 것들과 서로 작용시켜 특정한 효과가 나타나면, 그 존재자의 실재성을 확인하게 된다는 철학적 주장에 해당한다.

해킹이 제시한 실험의 15가지 요소

해킹은 실험을 구성하는 범주로 관념ideas, 사물things, 표지 및 이에 대한 조작marks and the manipulation of marks을 제안하고 있다. 여기서 관념은 대체로 과학적 지식에 관한 범주이고, 사물은 실험 장치와 관련된 범주이며, 표지 및 이에 대한 조작은 실험 결과와 그것의 해석을 위한 범주라 할 수 있다. 그는 이러한 세 가지 범주를 바탕으로 실험의 요소를 15가지로 분류하고 있다. 관념의 요소에는 ① 질문questions, ② 배경 지식background knowledge, ③ 체계적 이론systematic theory, ④ 주제 가설topical hypotheses, ⑤ 장치에 대한 모델링modelling of the apparatus 등이 포함되고, 사물의 요소에는 ⑥ 목표물target, ⑦ 수정의 원천source of modification, ⑧ 탐지기detectors, ⑨ 도구tools, ⑩ 자료 생성기data generators 등이, 표지 및 이에 대한 조작의 요소에는 ⑪ 자료data, ⑫ 자료 평가data assessment, ⑬ 자료 정리data reduction, ⑭ 자료 분석data analysis, ⑮ 해석interpretation 등이 포함된다(Hacking 1992, 43~50; 이상원 2004, 85~86).

1990년대에 들어와 해킹은 과학의 단절과 연속을 어떻게 설명할 것인가 하는 문제를 다루기 시작했다(Hacking 1992a). 이를 위해 그는 '추론의 스타일style of reasoning'이란 개념을 통해 쿤과는 다른 해석을 선보였는데, 여기서 스타일은 과학자의 연구를 규정짓는 일종의 프레임에 해당한다. 해킹에 따르면, 과학에는 기하학적, 실험적, 확률적, 분류적, 통계적 스타일과 같은 다양한 스타일이 있다. 그중 가장 오래된 스타일은 고대에 탄생한 기하학적 스타일이고, 실험적 스타일과 확률적 스타일은 16~17세기 과학혁명 시기에 출현했으며, 분류적 스타일은 18세기 이후 생물학 분야를 중심으로 등장했다. 통계적 스타일은 17~18세기에 국가적 차원의 통계 작업을 매개로 출현한 후 19세기 이후에 물리학 분야를 중심으로 과학계에도 수용되기 시작했다(Hacking 1990).

해킹의 추론 스타일은 두 가지 특징을 가지고 있다. 우선 스타일은 한번 만들어지면 잘 사라지지 않는다. 가령 기하학적 스타일은 고대부터 지금까지 지속되었고, 실험적 스타일은 17세기 이래 과학의 지배적인 스타일로 자리를 잡고 있다. 또한 새로운 과학적 스타일이 형성되는 시기에는 그것을 받아들이는 사람과 그렇지 않은 사람 사이에 격렬한 논쟁이 벌어진다. 예를 들어 '실험이 과학적 사실을 만들어낸다'는 주장은 실험적 스타일을 받아들이는 사람에게만 참이고, 그렇지 않은 사람에게는 아무런 의미가 없는 것이다. 16~17세기 과학혁명 시기에 유독 논쟁이 많았던 이유는 그 시기에 몇몇 추론 스타일이 새롭게 등장하면서 그것이 정당화되는 과정을 밟아야 했기 때문이라는 것이 해킹의 해석이었다.[3]

갤리슨의 교역지대

갤리슨은 1987년에 『실험은 어떻게 끝나는가』라는 화제작을 출간했다(Galison 1987). 이 책에서 그는 20세기 고에너지 물리학에서 이루어진 몇 가지 실험을 대상으로 실험의 시작에서 종결에 이르는 과정을 세밀히 분석하면서 그러한 과정에 개입하는 여러 요소들과 그것들 간의 관계를 심도 있게 다루었다. 이러한 실험에는 상당한 이견과 논쟁이 있었다. 동일한 데이터의 해석을 놓고도 연구자들 사이에 이견이 있었으며, 낙관적인 전망과 보수적인 계산을 놓고 격론이 벌어지기도 했다. 갤리슨이 보기에, 실험이 진전되면서 논증을 제시하고 이를 반박하고 다시 논증을 수정하는 것은 합리적 과정이었지 사회적 협상은 아니었다.

갤리슨은 속박constraints이라는 개념을 통해 자신의 주장을 체계화했다. 과학자들이 자유롭게 실험 결과를 바꿀 수 있는 것이 아니라 다양한 이론적·실험적 속박 속에 놓여 있으면서 그것의 영향을 받는다는 것이었다. 여기서 이론적 속박에는 믿음, 이론, 모형 등이, 실험적 속박에는 기구, 조작, 숙련 등이 포함되는데, 이러한 속박은 작용하는 시간적 정도에 따라 장기 속박, 중기 속박, 단기 속박으로 나뉜다. 갤리슨은 과학자들이 다양한 속박을 이용해서 여러 설명들 중에 가능성이 없는 것은 제거하고 최종적 결론에 도달하는 과정을 실험의 직접성directness을 증가시키고 결과의 안정성stability을 높이는 것으로 요약했다. 직접성의 증가는 이론으로만 도출된 결과를 실험을 통해 얻거나 함께 측정해야 했던 대상을 개별적으로 측정하게 되는 것을 의미하며, 안정성의 제고는 실험의 조건이나 방법을 변경해 보아도 동일한 결과를 얻을 수 있을 만큼 그 효과가 분명해졌다는 점을 의미한다. 이러한 과정을 거치면 과학자들은 자신들의 실험이 사실을 얻어냈고 그 사실이 실재와 맞닿아 있다고 생각하게 되는데, 그러한 상태가 바로 갤리슨이 말하는 실험이 끝나는 지점이다.[4]

갤리슨은 1988년에 발표한 논문에서 해킹보다 한발 더 나아갔다(Galison 1988). 갤리슨은 실험뿐만 아니라 기구instruments에도 고유한 삶이 있다고 생각했다. 어떤 기구들은 전혀 예상하지 못한 방향으로 진화하며, 처음의 의도와는 다른 용도로 사용되기도 한다. 예를 들어, 유도코일은 처음에 불꽃을 일으키려는 용도로 발명되었지만, 나중에는 X선을 비롯한 전자기파를 방출하기 위해 사용되었다. 특히, 오늘날에는 시뮬레이션과 컴퓨터를 사용한 데이터 분석이 널리 사용되는 것과 같이 과학 활동에서 기구의 중요성이 더욱 부각되고 있다.

갤리슨에 따르면, 과학자의 실천은 이론, 실험, 기구의 다양한 전통이 만들어내는 제한 요소들에 의해 둘러싸여 있다. 여기서 이론, 실험, 기구는 다른 요소들로부터 상대적으로 독립된 고유한 삶을 가지는 과학의 하위문화sub-cultures에 해당하며, 이러한 세 하

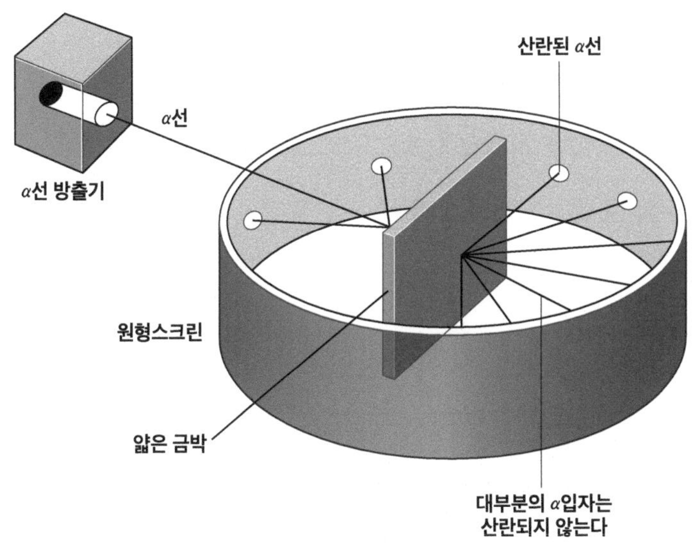

〈그림 19〉 러더퍼드가 1910년에 수행한 알파입자 산란 실험의 개요도. 이 실험은 이후에 입자의 내부 구조를 파악하기 위한 실험의 표준으로 작용했다. 보이지 않는 것의 생김새를 가정하고 충돌로부터 생성되는 입자들의 분포를 예측하는 모델링 기법이 사용되었던 것이다.

위문화가 사이사이에 끼워진 구조를 이루고 있기 때문에 과학자들 사이에 국소적 조응local coordination을 통한 대화는 항상 가능하다. 이러한 진단을 바탕으로 갤리슨은 실험적 데이터 위에 이론의 집을 짓는다는 논리실증주의와 이론이 실험을 규정한다고 본 탈실증주의자들을 모두 비판했다.[5] 특히 그는 쿤이 과학을 지적 활동으로만 보았기 때문에 공약불가능성과 같은 성급한 결론에 도달했다고 지적했다. 과학을 이론, 실험, 기구가 겹겹이 중첩되면서 이루어진 이질적인 활동의 총체로 보면, 개념적인 단절이 있을지라도 실험이나 기구에서의 연속성이 존재하기에 의사소통이 전혀 불가능하지는 않다는 것이다.

사실상 과학의 소통은 갤리슨이 오랫동안 고민했던 문제였다. 그는 서로 다른 언어와 문화를 가진 두 부락이 만나 교역을 하는 경우에 그것을 가능하게 하는 언어적, 실천적, 지리적 공간인 '교

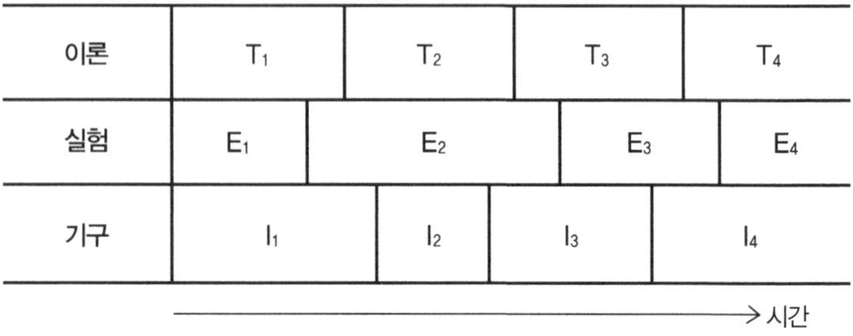

이론	T_1	T_2	T_3	T_4
실험	E_1	E_2	E_3	E_4
기구	I_1	I_2	I_3	I_4

→ 시간

〈그림 20〉 갤리슨의 과학적 실천에 대한 개념도

역지대trading zone'가 만들어진다는 인류학적인 연구에 주목했다. 갤리슨은 과학사의 사례를 통해 과학의 교역지대에서 '피진pidgin'이나 '크리올creole'과 같은 잡종 언어hybrid language가 만들어져 과학자들이 소통하는 과정을 분석했다. 교역지대에서는 피진과 같은 간단한 잡종 언어가 만들어져 서로의 의사소통을 매개하며, 이후에는 문법과 복잡한 어휘를 구비한 체계적 언어인 크리올이 만들어져 새로운 학제간 분야가 형성된다는 것이었다. 제2차 세계대전 중에 레이더를 발명하기 위해 물리학자와 엔지니어가 함께 일했던 MIT의 래드랩Radiation Laboratory이나 이론물리학자와 실험물리학자의 소통을 매개했던 몬테카를로 시뮬레이션Monte Carlo simulation은 모두 이러한 교역지대의 사례들이었다(Galison 1997).

갤리슨은 과학에 균일하고 통일된 방법론이나 원리가 없다고 생각하지만, 그것이 과학을 허약하게 만들지 않는다고 지적한다. 그는 베니어합판의 비유를 사용하는데, 결이 다른 얇은 판을 겹겹이 엇갈리게 만든 베니어합판이 통판보다 더 튼튼하듯이, 과학의 다양성과 잡종성이 오히려 과학을 튼튼하게 만든다는 것이다. 더 나아가 갤리슨은 과학과 예술이나 과학과 인문학이 만나는 접점이 다양한 방식으로 형성될 수 있으며, 이러한 점에 주목함으로써 우리가 사는 세상을 더욱 깊이 이해할 수 있다고 주장하고 있다.

11

과학의 본성을 찾아서

비트겐슈타인은 『철학적 탐구』에서 다음과 같이 썼다. "단 하나의 철학적 방법이 있는 것은 아니다. 물론 다양한 치료법들이 있는 것처럼, 여러 방법'들'이 있기는 하지만"(비트겐슈타인 2016, 166). 이러한 글귀는 과학에 대한 논의에도 적용할 수 있다. 사실상 과학의 모든 역사적 단계에서 모든 과학에 적용될 수 있는 과학의 본성에 대한 일반적인 설명은 존재하지 않는 것이다. 이처럼 우리가 과학이 가진 유일한 본질을 도출하기는 거의 불가능하지만, 과학이 가진 여러 특성들features of science, FOS을 검토하는 것은 여전히 가능하다. 게다가 과학의 본성이나 특성을 논의하고 탐구하고 정교화하는 일은 효과적인 과학연구와 과학교육을 위한 중요한 매개체가 된다.

과학교육에서 과학사 및 과학철학의 의미

유명한 과학교육학자인 매튜스Michael R. Matthews는 과학사 및 과학철학History and Philosophy of Science, HPS이 과학교육에 기여할 수 있는 점으로 다음의 여섯 가지를 들고 있다. 첫째, HPS는 과학을 인간화시키고 과학을 개인적, 윤리적, 문화적, 정치적 문제와 연관지어준다. 둘째, HPS에 기본적인 논리적, 분석적 훈련은 수업을 더욱 적극적이고 도전적으로 만들어주고 합리적, 비판적 사고력을 강화시킨다. 셋째, HPS는 과학적 내용을 보다 완전히 이해하게 만드는 데 기여한다. 넷째, HPS는 교사들로 하여금 과학과 지적, 사회적 관계 속에서 과학과 그것의 위치를 더욱 풍부하고 확실하게 이해하는 데 도움을 준다. 다섯째, HPS는 학생들이 겪는 학습문제를 인식하는 데 도움을 준다. 여섯째, HPS는 과학교사들과 교육과정 개발자들이 관여하는 수많은 교육적 논쟁을 명쾌하게 평가하는 데 기여할 수 있다. 매튜스가 다음과 같은 말로 과학교육에서 HPS의 의미에 대한 논의를 마무리하고 있다는 점도 흥미롭다. "HPS에 대한 기초가 없는 교사는 훗날 '당시에는 좋은 생각이었어'라고 슬픈 고백을 해야 하는 유행성 아이디어들에 너무 쉽게 이끌릴 수 있다" (매튜스 2014, 8~9).

내가 생각하는 과학의 본성은?

지금까지의 논의를 통해 짐작할 수 있듯이, 과학의 본성에 대한 세부적인 입장에는 상당한 차이가 있을 수 있다. 과학은 상대적인가 절대적인가? 과학 지식은 귀납과 연역 중에 주로 어떤 것을 통해 형성되는가? 과학은 사회적 맥락에 의존하는가 아니면 이에 무관한가? 과학을 과정 중심으로 가르쳐야 하는가 아니면 내용 중심으로 가르쳐야 하는가? 과학 이론은 실재하는가 아니면 도구에 불과한가? 이와 같은 이러한 점을 고려하여 과학교육학자인 노트Mick Nott와 웰링턴Jerry Wellington은 과학의 본성을 점검할 수 있는 정교한 검사 도구를 개발했다(Nott and Wellington 1993; 송진웅 2002, 165~169).

먼저, 아래에 제시된 설문지를 활용하여 응답자의 반응을 구한다. 응답자는 각 진술문에 대해서 +5부터 -5 사이의 한 점수를 부여한다. 정말 그렇다고 생각하면 +5, 중립적이면 0, 절대 아니라고 생각하면 -5를 표시하는 것이다.

설문지에 응답한 후에는 각 문항에 대해 응답한 점수를 더해 그 결과를 정리한다. 아래의 〈표 2〉에서 *로 표시된 문항은 응답한 점수에 (-)를 붙여 계산한다.

노트와 웰링턴은 과학의 본성에 대한 차원으로 RP, ID, CD,

1. 학생들이 실험을 통해 얻은 결과는 다른 사람들의 결과들만큼 가치가 있다. ( )
2. 과학은 본질적으로 남자들이 하는 분야이다. ( )
3. 과학적 사실이란 과학자들이 그렇다고 동의한 것이다. ( )
4. 과학 활동의 목적은 실재를 밝히는 데 있다. ( )
5. 과학자들은 실험이 끝나기 전에 그 결과를 미리 예상하지 않는다. ( )
6. 과학에 대한 연구는 경제적으로 혹은 정치적으로 결정된다. ( )
7. 과학교육은 과학적 사실보다는 과학의 과정을 배우는 것이어야 한다. ( )
8. 과학의 과정은 도덕적 혹은 윤리적 문제와 거리가 멀다. ( )
9. 과학교육의 가장 가치로운 부분은 사실들이 잊혀진 후에도 계속 남는다. ( )
10. 과학 이론은 그것이 성공적으로 기능한다면 타당한 것이 된다. ( )
11. 과학은 가용한 자료로부터 일반화된 결론을 도출함으로써 전진한다. ( )
12. 참된 과학 이론이란 존재하지 않는다. ( )
13. 인간의 감성은 과학 지식을 창조하는 데 아무런 기능을 하지 않는다. ( )

14. 과학 이론은 인간의 지각과는 독립적인 외부의 실제 세계를 묘사한다. (　)

15. 과학 지식에 대한 튼튼한 기초가 있어야만 학생들이 스스로 발견할 수 있다. (　)

16. 실험 기법이 향상되면 과학 이론은 변화한다. (　)

17. 과학적 방법은 다양한 과학적 탐구에 적용할 수 있다. (　)

18. 경쟁하는 이론들 간의 선택은 철저히 실험 결과에 기초하여 이루어진다. (　)

19. 과학 이론은 실험 결과에서 추론한 것임과 동시에 상상력과 직관력의 산물이기도 하다. (　)

20. 과학적 지식은 다른 종류의 지식에 비해 우월한 지적 지위를 갖는다. (　)

21. 우주에는 과학적으로는 결코 설명될 수 없는 물리적 현상들이 존재한다. (　)

22. 과학 지식은 도덕적으로 중립적이다. 다만, 그것의 응용이 윤리적 문제일 뿐이다. (　)

23. 모든 과학의 실험과 관찰은 현존하는 이론들에 의해 결정된다. (　)

24. 과학은 본질적으로 그것의 방법과 과정에 의해 특징지워진다. (　)

〈표 2〉 과학의 본성에 대한 설문 결과의 계산 및 해석

차원	계산	해석
RP 차원	1*+3*+21*+12+14+16+18+20	−40점부터 +40점까지 (−)는 상대주의, (+)는 실증주의
ID 차원	5*+11*+19+23	−20점부터 +20점까지 (−)는 귀납주의, (+)는 연역주의
CD 차원	2*+3*+6*+8*+13+16+18+22	−40점부터 +40점까지 (−)는 맥락주의, (+)는 탈맥락주의
PC 차원	7*+9*+17*+24*+15	−25점부터 +25점까지 (−)는 과정 중심, (+)는 내용 중심
IR 차원	10*+21*+4+12+14	−25점부터 +25점까지 (−)는 도구주의, (+)는 실재론

PC, IR을 들고 있다. RP 차원에서 R은 상대주의relativism, P는 실증주의positivism, ID 차원에서 I는 귀납주의inductivism, D는 연역주의deductivism, CD 차원에서 C는 맥락주의contextualism, D는 탈脫맥락주의decontextualism, PC 차원에서 P는 과정process 중심, C는 내용content 중심, IR 차원에서 I는 도구주의instrumentalism, R은 실재론realism을 의미한다.

과학의 본성에 관한 각 입장에 대한 설명은 〈표 3〉과 같다.

〈표 3〉 과학의 본성에 관한 입장과 그 특징

구분	주요 특징
상대주의 relativism	이론의 진위는 시험에 사용된 실험적 기법뿐만 아니라 관련 사회 집단의 규범과 합리성에 의존한다. 과학 이론의 진위에 대한 판단은 개인과 문화에 따라 달라진다.
실증주의 positivism	과학 지식은 다른 형태의 지식에 비해 더욱 타당성이 높다. 실험을 통해 생성된 법칙과 이론은 외부에 실재하는 객관적 세계에서 우리가 보는 패턴을 기술한 것이다.
귀납주의 inductivism	많은 수의 특정한 사례들을 관찰하고 이러한 사례들로부터 일반적인 것을 추론하여 법칙과 이론을 규정할 수 있다.
연역주의 deductivism	과학은 과학자들이 최근 이론이나 대담한 상상력의 논리적 결과로 도출된 아이디어를 시험함으로써 발전한다.
맥락주의 contextualism	과학적 지식과 과정의 참됨은 과학자가 생활하거나 과학 활동이 이루어지는 문화와 상호의존적인 관계에 있다.
탈맥락주의 decontextualism	과학 지식은 그것의 문화적 위치나 사회적 구조에 무관하다.
과정 중심 process	과학을 일련의 방법과 과정의 집합으로 보는 관점이다. 과학의 방법이나 과정을 학습하는 것이 과학교육의 핵심적인 부분이 된다.
내용 중심 content	과학이 일련의 사실과 아이디어로 이루어진다는 관점이다. 과학교육의 핵심적인 부분은 이러한 지식 체계를 습득하고 숙달하는 데 있다.
도구주의 instrumentalism	과학적 이론이나 아이디어는 우리가 사용하는 도구일 뿐이며, 그것의 독립적인 실재나 그 자체의 참됨에 대해서는 아무 것도 말하지 않는다.
실재론 realism	과학 이론은 과학자의 인식과 독립적으로 시공간상에 존재하는 세계에 대해 진술한 것이다.

이러한 검사 도구를 통해 우리는 과학의 본성에 대해 매우 다양한 입장이 존재한다는 점을 알 수 있다. 또한 과학의 본성에 대한 자신의 입장을 점검하고 자신의 입장이 다른 사람들과 얼마나 다른지도 살펴볼 수 있다. 더 나아가 이와 같은 검사 도구를 매개로 집단적인 토론을 실시함으로써 과학의 본성에 대해 더욱 세련된 논의를 펼칠 수도 있다. 이러한 과정에서 과학의 본성에 대해 어느 정도 합의된 의견을 도출할 수도 있으며, 과학의 본성을 명확하게 규정하는 것이 얼마나 어려운 것인가 하는 점도 느낄 수 있을 것이다.

과학에는 어떤 특징이 있는가?

래트클리프Mary Ratcliffe와 그레이스Marcus Grace는 많은 문헌들에서 공통적으로 제시되고 있는 과학의 본성에 관한 견해를 다음과 같은 14가지로 정리하고 있다(Ratcliffe and Grace, 2003).

① 과학 지식은 비교적 오래 지속되지만, 잠정적 특성을 지닌다.

② 과학 지식은 관찰, 실험적 증거, 합리적 논증 등에 절대적이지는 않지만 크게 의존한다.

③ 과학에 보편적으로 적용되는 유일한 방법은 없다.

④ 과학은 자연 현상을 설명하기 위한 추구이다.

⑤ 법칙과 이론은 과학에서 서로 다른 역할을 한다.

⑥ 인간이면 누구나 과학에 공헌한다.

⑦ 새로운 과학 지식은 명확하고 개방적으로 발표되어야 한다.

⑧ 과학자는 자료를 정확하게 기록하고, 동료평가와 반복실험을 개방적으로 받아들인다.

⑨ 관찰은 이론적재적이다.

⑩ 과학자는 창의적이다.

⑪ 과학의 역사는 과학 지식이 변하는 과정을 보여준다.

⑫ 과학은 사회적·문화적 전통의 일부이다.

⑬ 과학과 기술은 서로 영향을 주고받는다.

⑭ 과학적 관념은 당시의 사회적·역사적 분위기에 의해 영향을 받는다.

이상의 목록은 대체로 수긍할 만한 것이지만, 사람에 따라 그렇지 않다고 생각할 수도 있을 것이다. 또한 이러한 목록 중에 수정이나 보완이 필요한 경우도 제법 있을 것이다. 예를 들어 '관찰은 이론적재적이다'는 견해는 '많은 경우에 관찰은 이론적재적이다'는 식으로 완화되어야 할 것이고, '과학자는 창의적이다'라는 견해도 그냥 수용할 것이 아니라 창의성이 발현하는 조건에 대한 논의가 추가되어야 할 것이다. 과학과 기술의 상호작용도 과학과 기술의 정의나 역사적 발전 단계에 따라 그 양상이 달라질 수 있으므로 좀 더 자세한 논의가 필요하다.[1]

'과학 지식이 잠정적 특성을 가진다'는 첫 번째 목록은 '과학이 시험가능성testability에 열려 있다'는 명제로 변환할 수 있다. 시험가능성은 이전부터 자주 사용되어 온 개념에 해당하지만, 검증가능성이나 반증가능성과 달리 특정한 과학철학적 주장을 전제하지 않는다. 어떤 이론에 부합되지 않는 사실이 등장할 경우에 과학자들은 그 이론을 버릴 수도 있고 고수할 수도 있으며 땜질할 수도 있다. 그러나 과학자들의 구체적인 행동 유형과 무관하게 그들은 해당 이론이 시험되고 있다는 점을 분명히 인식하고 있다. 사실상 과학에서 조작적 정의가 중시되는 이유도 시험가능성에서 찾을 수 있을 것이다.

과학의 특성은 과학과 다른 학문 분야와의 차이점을 통해서도 접근할 수 있다. 앞의 목록에 '과학은 자연 현상을 설명하기 위한 추구이다'가 있듯이, 과학은 기본적으로 자연 현상을 탐구하는 학문분야에 해당한다. 이와 달리 인문학은 인간의 세계를, 사회과학은 사회적 현상을, 공학은 인공물의 세계를 다루고 있다. 물론 이와 같은 구분에 대해서도 이의를 제기할 순 있지만, 대부분의 사전적 정의는 학문 분야를 그것이 다루는 대상에 따라 분류하고 있다.

과학이 다른 학문 분야와 차별화되는 또 하나의 주된 특성은 과학에서 인상적 합의가 존재한다는 점에서 찾을 수 있다. 물론 어떤 과학 지식이 처음 형성되는 시기에는 여러 이견이 존재하지만, 어느 정도의 논쟁을 거친 후에는 과학자들이 해당 지식에 대하여 공통된 합의에 도달하는 양상을 보이고 있는 것이다. 이와 달리 인문학이나 사회과학의 경우에는 동일한 문제에 대해서도 접근하는 시각이나 이론에 따라 다른 해석을 내놓는 경우가 적지 않다.

이와 관련하여 쿤은 패러다임이란 개념을 통해 과학에서 인상적 합의가 가능한 이유를 설명했다. 하지만 쿤의 과학철학에 대해서도 수많은 반론이 제기되고 있다는 점을 감안한다면, 과학자 사회에서 인상적 합의가 도출되는 까닭을 꼭 패러다임에서 찾을 필요는 없을 것 같다. 오히려 필자는 과학이 자연 현상을 다루는 학문이라는 점에서 출발하고자 한다. 자연이 과학에 제약이나 한계를 부과하는 것이 과학에서 인상적 합의가 이루어지는 중요한 조건이 되지 않을까? 물론 인간이 자연을 직접 대면하기는 어렵고 이론, 기구, 실험 등을 통해 접근할 수밖에 없지만, 이론, 기구, 실험 역시 자연이 부과하는 제약 속에서만 작용한다고 볼 수 있다. 이러한 제약 때문에 과학자나 과학자 사회는 계속해서 자연을 자기 마음대로 길들일 수 없으며, 상이한 환경에 있는 과학자들도 결국은 동일한 결론에 이를 수 있는 것이다.

이와 함께 과학의 특성을 다룰 때에는 과학의 출현, 선택, 영향 등과 같은 과학의 일생life도 충분히 고려되어야 한다. 즉, 어떤 현상을 설명하거나 문제를 해결하기 위해 하나의 혹은 복수의 주장이 출현하고, 특정한 주장이 우세해지거나 선택되면서 유의미한 지식으로 인정을 받게 되며, 그러한 지식이 확산되면서 실제로 어떤 영향력을 발휘하는가 등에 대한 차분한 논의가 필요한 것이다. 이와 관련하여 즉각적인 합리성을 중시하는 사람들은 과학의 일생에 관한 세부적 논의의 중요성을 깊이 인식하지 못하고 있으며, 상대주의적 관점을 취하는 사람들은 국소적 맥락에서 등장한 과학이 어떤 과정을 거쳐 보편성을 획득하게 되는가에 대해 본격적으로 논의하지 않는다는 점이 지적되어야 할 것이다.

끝으로, 이 책의 주제를 넘어서는 것이긴 하지만, 과학기술에 관한 사회적 논쟁에서도 과학의 성격이 잘 드러난다는 점을 지적하고 싶다. 오늘날 사회에서는 정보, 생명, 환경 등을 매개로 다양한 차원에서 과학기술의 사회적 문제가 발생하고 있다(최경희·송성수 2011). 우리나라의 경우에도 정보프라이버시, 생명윤리, 원자력안전 등을 매개로 사회적 논쟁이 지속되어 왔는데, 여기에는 과학기술의 불확실성, 당시의 사회적 맥락, 관련된 행위자와 집단의 전략 등이 복잡하게 얽혀 있다. 이와 같은 과학기술의 사회적 논쟁에서 과학이 어떤 식으로 활용되고 있는지 혹은 과학이 어떤 역

할을 담당할 수 있는지에 대해 고민해 보는 것도 과학의 성격에 접근하는 중요한 통로가 될 것이다.[2]

주석

1. 과학의 본성에 관한 아홉 가지 이야기

1 이 글은 송성수(2015, 11~12)에 입각하고 있다.

2 16~17세기 과학혁명에 대해서는 김영식(2001); 디어(2011); 임경순·정원(2014, 67~167); 송성수(2015, 22~139) 등을 참조.

3 지역에 따라 차이가 있기는 하지만, 17세기 이전에는 성姓보다는 이름이 중시되었으므로, 갈릴레오 갈릴레이를 줄여서 쓸 때에는 '갈릴레오'라고 하는 것이 적합하다.

4 '과학자'라는 용어는 1833년에 휴얼William Whewell이 처음 사용한 것으로 알려져 있다. 그는 과학 활동을 통해 생계를 유지한다는 의미로 '직업으로서의 과학'을 강조하기 위해 과학자라는 용어를 사용했다.

5 이 글은 송성수(2015, 56~58)에 입각하고 있다. 보다 자세한 논의는 박민아·김영식 편(2007, 5~60)을 참조.

6 이 글은 송성수(2015, 159~160)에 입각하고 있다. 보다 자세한 논의는 Schiebinger(1993)을 참조.

7 이 글은 송성수(2015, 206~209)에 입각하고 있다. 18세기 후반 라부아지

에와 영국 화학자들 사이의 논쟁에 대한 흥미로운 고찰로는 박민아·김영식 편(2007, 141~168)이 있다.

8 이 글은 송성수(2015, 308~309)에 입각하고 있다. 다윈 혁명에 대한 자세한 논의는 루스(2010)를 참조.

9 원자탄 개발 과정에 대한 자세한 논의는 로즈(2003)을 참조. 이 책은 1988년 퓰리처상을 수상한 바 있다.

10 역사 속 여성 과학자의 활동과 업적에 대해서는 쉬빈저(2007); 맥그레인(2007); 송성수(2011) 등을 참조.

2. 과학의 가치와 목적

1 『과학혁명의 구조』는 1962년에 초판이 출간된 후 1970년에 2판, 1996년에 3판, 2012년에 4판이 발간되었다. 2판에는 쿤이 1969년에 작성한 「후기」가 추가되었으며, 4판에는 해킹Ian Hacking이 쓴 「서론Introduction」이 첨부되었다. 이 책에서의 인용은 4판 번역본에 따른다(쿤 2013). 『과학혁명의 구조』에 대한 자세한 해설로는 프레스턴(2011)이 있다.

2 레스닉의 12가지 원칙은 연구윤리의 출발점으로 작용하기도 하는데, 연구윤리에 대한 개관으로는 송성수(2014)를 참조.

3 과학적 설명에 대한 보다 자세한 논의는 김유신(1999); 고드프리스미스(2014, 349~358); 신광복·천현득(2015, 95~133)을 참조.

3. 과학 지식의 체계

1 아인슈타인이 특수상대성이론을 정립하는 과정에 대한 흥미로운 고찰로는 박민아·김영식 편(2007, 247~295)이 있다.

2 이상에서 언급된 과학자들이 모두 노벨 물리학상을 받았다는 점도 흥미롭다. 레일리는 1904년, 빈은 1911년, 플랑크는 1918년, 아인슈타인은 1921년, 보어는 1922년, 드브로이는 1929년, 하이젠베르크는 1932년, 슈뢰딩거와 디랙은 1933년에 노벨 물리학상을 수상했다.

3 이상의 모형들은 이후에 살펴볼 과학철학과도 연관되어 있는데, 누적적 모형은 논리실증주의, 진화적 모형은 포퍼Karl Popper, 혁명적 모형은 파이어아벤트Paul Feyerabend의 입장을 보여준다. 쿤Thomas Kuhn의 경우에는 정상과학의 국면에서는 누적적 모형, 과학혁명의 국면에서는 혁명적 모형을 취하고 있다. 라카토슈Imre Lakatos의 경우에는 보호대가 수정되는 방식의 변화는 진화적 모형, 견고한 핵까지 수정되는 상황은 혁명적 모형에 해당한다고 볼 수 있다.

4. 과학적 방법의 유형

1 수학은 기본적으로 명제proposition를 다루는데, 명제에는 정의definition, 공리axiom, 정리theorem 등이 있다. 정의는 'a라는 성질을 갖는 것을 A라고 부르겠다'는 식으로 약속을 한 것으로 언제나 참이다. 공리는 '두 점을 지나는 직선은 하나뿐이다'와 같이 증명 없이 참으로 받아들여지는 명제를 뜻한다. 정리는 증명에 의해 참과 거짓을 구분할 필요가 있는 명제로 우리가 수학을 공부하면서 증명을 하는 것은 모두 정리에 해당한다. 유클리드 기하학에서는 공리와 공준postulate을 구분하고 있지만, 통상적으로는 공준도 공리에 포함되는 것으로 여겨지고 있다. 유클리드의 어법에 따르면, 공리는 자명한 명제에 해당하고, 공준은 자명하진 않지만 기본적인 전제가 되는 명제에 해당한다. 공리의 예로는 'A=B, A=C이면 B=C이다'를 들 수 있고, 공준의 예로는 '임의의 점으로부터 다른 임의의 점에 대해 직선을 그을 수 있다'를 들 수 있다.

2 여기서 쿤이 1976년에 발표한 논문 「물리과학의 성립에 있어서 수학적 전통과 실험적 전통」에도 주목할 필요가 있다. 사실상 오랜 기간 동안 물리과학에는 천문학, 역학 등을 포함한 수학적 전통과 열, 전기, 자기 등을 다루는 실험적 전통이 별개로 존재했다. 쿤은 수학적 전통의 물리과학을 '고전과학classical science'으로, 실험적 전통의 물리과학을 '베이컨과학Baconian science'으로 칭하면서 흥미로운 해석을 제안했다. 16~17세기 과학혁명은 고전과학에서 관념상의 혁명과 새로운 베이컨과학의 출현으로 특징지을 수 있고, 19세기 중엽에 물리학 분야가 형성된 것은 베이컨과학이 수학화되면서 고전과학과 연결된 현상으로 볼 수 있다는 것이다(Kuhn 1977, 31~65; 김영식 편 1982, 185~219).

3 휴얼은 1833년에 직업으로서의 과학을 강조하면서 '과학자scientist'라는 용어를 제안했으며, 1840년에 출간된 『귀납적 과학의 철학』에서 학문 분야를 더불어 넘나든다는 뜻에서 '통섭consilience'이란 용어를 사용하기도 했다.

4 일반상대성이론에 관한 입증을 사회구성주의의 시각에서 접근한 것으로는 콜린스 외(2005, 88~110)가 있다.

5 과학철학에서 귀추법은 '최선의 설명으로의 추론inference to the best explanation, IBE'으로 불리는데, 이에 대한 자세한 논의는 래디먼(2003, 370~399)을 참조.

6 로슨은 과학적 방법에 대한 논의를 바탕으로 세 가지 유형의 순환학습모형을 제안하고 있는데, 여기에는 서술적 순환학습, 경험 귀추적 순환학습, 가설연역적 순환학습 등이 포함된다(김영민 외 2012, 324~336).

5. 과학철학의 시작, 논리실증주의

1 사실상 과학철학에 대한 대부분의 저작들은 논리실증주의에서 시작하고 있다. 우리말로 된 과학철학 입문서로는 차머스(1985); 브라운(1987);

오히어(1995); 조인래 외(1999); 차머스(2003); 래디먼(2003); 장대익(2008); 박영태 외(2011); 고드프리스미스(2014); 장하석(2014); 신광복·천현득(2015) 등이 있다. 여기서 차머스(1985)와 차머스(2003)은 *What Is This Thing Called Science?*의 2판과 3판을 번역한 것인데, 2판과 3판을 비교해 보면, 2판의 합리주의 대 상대주의(9장), 객관주의(10장), 물리학의 이론 변화에 대한 객관주의자의 설명(11장), 비대표적 실재론(14장) 등이 3판에서는 제외되었고, 3판에서는 2판에 없었던 방법에서 질서 있는 변화(11장), 베이스적 접근(12장), 새로운 실험주의(13장), 세계는 왜 법칙을 따라야 하는가(14장) 등이 추가되었다.

2 이와 관련하여 조희형 외(2011, 26)는 빈 학단을 논리실증주의에, 베를린 학파를 논리경험주의에 대응시키고 있지만, 이러한 구분이 널리 사용되는 용례는 아닌 것으로 판단된다. 논리실증주의의 전개 과정에 대해서는 요르겐센(1994); 이상욱 외(2007, 124~135)을 참조.

3 비트겐슈타인에 대한 간단한 소개는 이상욱 외(2007, 112~123)를 참조.

4 실제로 빈 학단과 바우하우스는 빈번한 회합을 가졌고, 카르납과 노이라트 등이 바우하우스에서 강연을 하기도 했다. 카르납은 1928년에 『세계의 논리적 구축Der Logische Aufbau der Welt』이라는 저서를 출간했는데, 여기서 '구축'은 벽돌을 위로 차곡차곡 쌓아 집을 짓는다는 의미를 가지고 있다.

5 아직도 '이론의존성'이란 번역어가 사용되기도 하지만, 한국과학철학회가 공식적으로 채택한 번역어는 '이론적재성'이다. 사실상 의존성에 해당하는 영어 단어는 'ladenness'가 아니라 'dependence'라 할 수 있다.

6 관찰의 이론적재성에 대한 반론도 제법 있다. 3장에서 언급한 뮐러-라이어 착시 현상은 특정한 이론이 우리의 지각을 인도하지 않는다는 점을 보여주는 좋은 근거가 된다. 또한 10장에서 논의하겠지만, 특정한 이론을 적재하지 않고도 의미 있는 관찰이나 실험이 이루어지는 역사적 사례도 찾을 수 있다.

7 이처럼 가설연역주의도 정당화의 맥락에서는 귀납 추론이라는 큰 틀 안에서 이루어지고 있기 때문에 귀납주의와 가설연역주의를 한데 묶어 '넓은 의미의 귀납주의'로 평가하기도 한다(신광복·천현득 2015, 24~25). 일찍이 논리학에서는 입증 사례의 관찰을 근거로 보편언명이 옳다고 판단하는 것에 대하여 '후건 긍정의 오류the fallacy of affirming the consequent'라는 이름을 붙여 형식적 오류의 한 유형으로 취급한 바 있다. 후건 긍정의 오류는 'P이면 Q일 때, 만약 Q라면 P이다'는 추론 방식을 취하고 있다.

6. 포퍼의 반증주의

1 포퍼를 중심으로 과학철학의 쟁점을 검토한 국내 연구서로는 신중섭(1991); 조용현(1992); 박은진(2001) 등이 있다.

2 반증에 의한 추론은 논리학에서 유효한 논증으로 간주되는 후건 부정의 형식 혹은 후건부정식에 해당한다. 후건 부정의 형식은 라틴어로 '모두스 톨렌스modus tollens, MT'라고 하며, 전건 긍정의 형식modus ponens, MP과 밀접한 관련이 있다. 후건 부정의 형식은 다음과 같다. ① 만일 P이면, Q이다. ② Q가 아니다. ③ 그러므로, P가 아니다.

3 마르크스와 관련하여 포퍼는 "젊어서 마르크스에 빠지지 않으면 바보이지만, 그 시절을 보내고도 마르크스주의자로 남아 있으면 더 바보"라는 유명한 말을 남기기도 했다. 20세기 투자의 귀재로 불리는 조지 소로스George Soros가 포퍼의 사상에 감명을 받아 1993년에 열린사회연구소를 설립했다는 점도 주목할 만하다. 열린사회연구소는 1994년에 칼 포퍼식 토론을 고안했으며, 2010년에 열린사회재단으로 이름을 바꾸었다.

4 이와 관련하여 포퍼는 진리의 지위를 구름에 싸여 있는 산정에 비유했다(Popper 2001, 450). "등산가가 정상에 오를 경우 여러 가지 어려움을 겪을 뿐만 아니라 구름 속에서 주봉과 종봉을 구별하기 어렵기 때문에, 그

는 정상에 도착해서도 그 사실을 알지 못할 수도 있다. 그러나 이것이 산정의 객관적 실재에는 아무런 영향을 끼치지 않는다. 등산가가 '내가 과연 실제로 산정에 도달했는지 의심스럽다'고 말한다면, 그는 암암리에 산정의 존재를 인정하는 것이다. 바로 이 착오와 의심이라는 개념이, 우리가 도달하는 데 실패할지도 모르는 객관적 진리의 개념을 내포하고 있다."

5 예를 들어, 어떤 가설이 핵심가설 H와 보조가설 A로 이루어져 있고 그 가설에 의한 예측사례를 O라고 하면, 이에 대한 논리식은 {H & A} → O가 된다. 여기서 반증사례인 ~O가 발생하면 후건부정의 형식에 따라 ~{H & A} = ~H or ~A가 된다. 이 때 H와 A 모두가 거짓인지 아니면 하나만 거짓인지, 만약 하나가 거짓이라면 둘 중 어느 것이 거짓인지가 분명하지 않은 문제점이 발생한다. 따라서 둘 이상의 명제들로 가설이 구성되는 경우에는 반증사례가 등장하더라도 해당 가설에 대한 결정적 반증이 불가능한 것이다.

7. 쿤의 패러다임 이론

1 이하의 논의는 송성수(2011a)를 약간 간추린 것인데, 그것은 KBS 부산방송총국이 주관한 시민강좌인 KBS 고전아카데미의 일환으로 필자가 2009년 8월 19일에 강의한 내용에 입각하고 있다. 쿤의 생애와 사상에 대해서는 홍성욱(2005); 샤록 외(2005)를 참조.

2 이와 관련하여 과학사회학자인 스티브 풀러Steve Fuller는 포퍼와 쿤의 논쟁을 재현하면서 흥미로운 해석을 제안한 바 있다(풀러 2007). 풀러에 따르면, 쿤은 기존 체제에 순응하는 보수주의자가 되고 포퍼는 열린사회를 지향하는 진보주의자가 된다.

3 쿤은 1983년에 발표한 논문 「공약가능성, 비교가능성, 의사소통가능성」에서 자신의 초기 입장보다 약간 후퇴한 모습을 보였다(조인래 편역 1997,

225~255). 쿤의 새로운 입장에 따르면, 두 패러다임 사이에 공약불가능성이 존재하긴 하지만 그것은 전면적이 아닌 국소적인 성격을 띤다. 또한 공약불가능성은 두 패러다임의 언어가 1대 1로 번역될 수 없는 번역불가능성에 해당하며, 비교나 의사소통이 불가능한 정도의 수준은 아니다. 사실상 공약불가능성이 의사소통가능성을 열어두지 않는다면, 쿤 자신이 아리스토텔레스의 이론을 이해하는 것도 불가능하게 되는 아이러니가 발생하게 된다.

8. 라카토슈, 파이어아벤트, 라우든의 과학철학

1 라카토슈는 헝가리 출신의 과학철학자로 우리말로는 '라카토시', '라카토스' 등으로 표기되기도 한다. 라카토슈는 1960년부터 런던정경대학London School of Economics에서 활동하면서 수많은 제자들을 양성했는데, 그 대학은 1986년부터 과학철학 분야의 최고 서적에 대해 라카토슈 상을 수여하고 있다. 우리나라 출신으로는 장하석이 『온도계의 철학Inventing Temperature』(2004)으로 2006년 라카토슈 상을 수상한 바 있다(장하석 2013).

2 사실상 해왕성의 사례에서 당시 과학자들의 관심을 더욱 끌어 모은 것은 천왕성의 궤도가 계산과 다르다는 반증 혹은 변칙이 아니라 새로운 행성의 발견을 통해 뉴턴 체계가 틀리지 않았다는 입증이었다.

3 원래 파이어아벤트는 라카토슈와 과학의 방법론에 대한 책을 함께 쓰기로 했다. 그들이 염두에 두고 있었던 책 제목은 『방법을 위하여, 그리고 방법에 반하여For and Against Method』였는데, 그중 '위하여' 부분은 라카토슈가, '반하여' 부분은 파이어아벤트가 집필하기로 되어 있었다. 그러나 1974년에 라카토슈는 갑자기 세상을 떠나고 말았고, 파이어아벤트는 1975년에 『방법에 반하여』라는 제목으로 자신만의 저서를 출간했는

데, 파이어아벤트는 『방법에 반하여』의 서문에서 "이 책은 임레에게 보내는 긴 편지이다"라고 썼다. 1968~1974년에 두 사람이 주고받은 편지는 2000년에 경제학자인 모털리니Matteo Motterlini의 편집에 의해 『방법을 위하여, 그리고 방법에 반하여』로 발간된 바 있다.

4 『과학과 상대주의』는 우리말로 『포스트모던 과학철학』으로 번역되어 있다. 이 책은 실재론, 실증주의, 실용주의, 상대주의를 대변하는 네 명의 인물인 칼, 루디, 퍼씨, 퀸이 과학철학의 중요한 논점들에 대해 대화를 나누는 식으로 구성되어 있다. 그중에서 라우든의 분신에 해당하는 인물은 실용주의자인 퍼씨이다.

9. 사회구성주의의 도전

1 과학기술학을 전반적으로 소개하고 있는 우리말 문헌으로는 헤스(2004); 시스몬도(2013); 한국과학기술학회(2014) 등이 있다.

2 과학지식사회학 혹은 사회구성주의에 대한 보다 자세한 소개로는 홍성욱(1999, 21~67); 윤정로(2000, 88~115); 김경만(2004) 등이 있다. 사회구성주의가 세력을 확장하면서 1990년대에는 구미 학계를 중심으로 소위 '과학전쟁science war'으로 불린 격론이 벌어지기도 했는데, 이에 대해서는 홍성욱(1999, 68~126); 홍성욱(2004, 69~101)을 참조.

3 콜린스는 EPOR을 체계화하면서 6장에서 언급한 콰인의 과소결정underdetermination 논제에 주목했다. 어떤 실험 결과에 대한 해석적 유연성을 드러내는 것은 경험적 증거에 의해 이론이 결정되지 않는다는 점을 잘 보여준다. 콜린스는 해석적 유연성이 사회적 요인에 의해 제한되고 그 결과 논쟁이 종결된다고 주장했는데, 이는 과학 지식의 선택에 결정적으로 작용하는 것이 경험적 증거가 아니라 사회적 요인이라는 점을 의미한다.

4 1990년대 이후에 콜린스는 핀치Trevor Pinch와 함께 과학, 기술, 의학에 대

한 사회구성주의적 시각을 담은 대중용 책자로 '골렘 시리즈'를 발간하기도 했다. 『골렘The Golem』(1993), 『확장된 골렘The Golem at Large』(1998), 『닥터 골렘Dr. Golem』(2005)이 그것인데, 그중 『골렘』과 『닥터 골렘』은 우리말로 번역되어 있다(콜린스 외 2005; 2009). 골렘은 유대인의 신화에 나오는 괴물인데, 자신을 만든 인간을 위해 일을 하지만 경우에 따라 멋대로 행동하기도 한다.

5 콜린스와 인터뷰를 수행한 과학자들이 다른 사람의 실험에 대한 판단 근거로 제시한 목록은 다음과 같다. ① 과학자의 실험 능력과 정직성에 대한 믿음, ② 실험자의 성격과 지적 능력, ③ 과학자가 큰 규모의 실험실을 운영하면서 획득한 명성, ④ 과학자가 연구한 곳(산업계인지 아니면 학계인지), ⑤ 과학자가 갖고 있는 이전에 실패한 경력, ⑥ 일의 내막에 관한 정보, ⑦ 과학자의 태도와 실험 결과를 발표하는 형식, ⑧ 실험에 대한 과학자의 심리학적 접근 방식, ⑨ 출신 대학의 규모와 명성, ⑩ 과학계에 존재하는 다양한 네트워크에 과학자가 속해 있는 정도, ⑪ 과학자의 국적(콜린스 외 2005, 185).

6 『실험실 생활』의 초판은 1979년에, 2판은 1986년에 발간되었는데, 초판의 부제는 '과학적 사실의 사회적 구성'이었지만 2판의 부제에서는 '사회적'이란 용어가 빠지게 된다. 1980년대에 들어와 라투르는 사회구성주의와 거리를 두면서 이른바 '이질적 구성주의heterogeneous constructivism'로 평가되는 행위자-연결망 이론actor-network theory, ANT을 전개하기 시작했다. 행위자-연결망 이론에 대해서는 김환석(2006, 62~97), 홍성욱 엮음(2010)을 참조.

10. 실험으로의 전환

1 새로운 실험주의를 개관하고 있는 우리말 문헌으로는 이상원(1996); 차

머스(2003, 267~291)가 있으며, 해킹과 갤리슨에 대한 간단한 소개는 이상욱 외(2007, 230~239; 262~271)를 참조.

2 마이컬슨의 실험과 아인슈타인의 특수상대성이론에 관한 흥미로운 해석으로는 콜린스 외(2005, 64~88)를 참조.

3 이런 각도에서 보면, 9장에서 다룬 보일과 홉스의 논쟁은 실험적 스타일의 타당성을 둘러싸고 벌어진 논쟁에 해당한다고 평가할 수 있다.

4 이와 같은 해석을 놓고 갤리슨은 과학사회학자인 피커링과 몇 차례의 논쟁을 벌였는데, 이에 대해서는 홍성욱(2004, 50~66)을 참조. 갤리슨이 속박에 의한 실험의 합리적 성격을 강조했다면, 피커링은 과학자들이 물질적 절차, 도구적 모형, 현상학적 모형 등과 같은 다양한 자원 혹은 밑천 resources을 활용하는 과정에서 실험이 어떻게 안정화되는가에 주목했다.

5 갤리슨은 논리실증주의와 탈실증주의를 모두 과학 지식에 대한 '근대적 모형'으로 보았고, 자신의 입장이 '비판적 탈근대적 모형'에 해당한다고 평가했다(Galison 1988a).

11. 과학의 본성을 찾아서

1 과학과 기술의 관계에 대한 논의로는 홍성욱(1999, 193~220); 송성수(2014a, 18~26)을 참조.

2 과학기술의 사회적 쟁점은 최근의 과학교육에서도 중요한 주제로 부상하고 있는데, 이에 대해서는 Zeidler(2003); Yager(2013); 가치를 꿈꾸는 과학교사모임(2011) 등을 참조.

참고문헌

가치를 꿈꾸는 과학교사모임 (2011),『정답을 넘어서는 토론학교, 과학』, 우리학교.

강석진·노태희 (2014),『과학의 본성: 어떤 과학을 가르칠 것인가』, 북스힐.

권재술 외 (1998),『과학교육론』, 교육과학사.

고드프리스미스, 피터(Peter Godfrey-Smith), 한상기 옮김 (2014),『이론과 실재: 과학철학 입문』, 서광사.

김경만 (2004),『과학 지식과 사회이론』, 한길사.

김기흥 (2009),『광우병 논쟁』, 해나무.

김영민 (2012),『과학교육에서 비유와 은유 그리고 창의성』, 북스힐.

김영민 외 (2014),『과학교육학의 세계』, 북스힐.

김영식 (2001),『과학혁명: 전통적 관점과 새로운 관점』, 아르케.

김영식 편 (1982),『역사 속의 과학』, 창작과 비평사.

김유신 (1999), "과학적 설명", 조인래 외,『현대 과학철학의 문제들』, 아르케, pp. 145~221.

김유신 (2012),『양자역학의 역사와 철학』, 이학사.

김환석 (2006),『과학사회학의 쟁점들』, 문학과 지성사.

디어, 피터(Peter Dear), 정원 옮김 (2011), 『과학혁명: 유럽의 지식과 야망, 1500~1700』, 뿌리와 이파리.

라베츠, 제롬(Jerome Ravetz), 이혜경 옮김 (2007), 『과학, 멋진 신세계로 가는 지름길인가?』, 이후.

래디먼, 제임스(James Ladyman), 박영태 옮김 (2003), 『과학철학의 이해』, 이학사.

로즈, 리처드(Richard Rhodes), 문신행 옮김 (2003), 『원자폭탄 만들기』 총2권, 사이언스북스.

로지, 존(John Losee), 정병훈·최종덕 옮김 (1999), 『과학철학의 역사』, 동연.

루스, 마이클(Michael Ruse), 류운 옮김 (2010), 『진화의 탄생: 피투성이 이빨과 발톱의 과학혁명』, 바다출판사.

매튜스, 마이클(Michael R. Matthews), 권성기·송진웅·박종원 옮김 (2014), 『과학교육: 과학사와 과학철학의 역할』, 북스힐.

맥그레인, 섀론(Sharon B. McGrayne), 윤세미 옮김 (2007), 『두뇌, 살아 있는 생각: 노벨상의 장벽을 넘은 여성 과학자들』, 룩스미아.

바비, 얼(Earl R. Babbie), 고성호 외 옮김 (2013), 『사회조사방법론』 제13판, 센게이지러닝코리아.

박민아·김영식 편 (2007) 『프리즘: 역사로 과학 읽기』 (서울대학교출판부, 2007).

박영태 외 (2011), 『과학철학: 흐름과 쟁점, 그리고 확장』, 창비.

박은진 (2001), 『칼 포퍼 과학철학의 이해』, 철학과 현실사.

비트겐슈타인, 루트비히(Ludwig Wittgenstein), 이승종 옮김 (2016), 『철학적 탐구』, 아카넷.

브라운, 해롤드(Harold I. Brown), 신중섭 옮김 (1987), 『논리실증주의의 과학철학과 새로운 과학철학』, 서광사.

샤록, 웨슬리(Wesley Sharrock), 루퍼트 리드(Rupert Read), 김해진 옮김 (2005), 『과학혁명의 사상가, 토머스 쿤』, 사이언스북스.

셔머, 마이클(Michael Shermer), 김희봉 옮김 (2005), 『과학의 변경지대』, 사이언스북스.

송성수 (2011),『위대한 여성 과학자들』, 살림.
송성수 (2011a), "과학에는 특별한 것이 있는가?: 토머스 쿤의『과학혁명의 구조』", KBS 고전아카데미 편,『고전의 반역 4』, 나녹, pp. 10~39.
송성수 (2011b),『과학기술과 사회의 접점을 찾아서: 과학기술학 탐구』, 한울.
송성수 (2014),『연구윤리란 무엇인가』, 생각의 힘.
송성수 (2014a),『기술혁신이란 무엇인가』, 생각의 힘.
송성수 (2015),『한 권으로 보는 인물과학사』 제2판, 북스힐.
송진웅 (2002), "과학사 및 과학철학과 물리교육", 김익균 외,『물리교육학 총론 II』, 북스힐, pp. 137~177.
쉬빈저, 론다(Londa Schiebinger), 조성숙 옮김 (2007),『두뇌는 평등하다: 과학은 왜 여성을 배척했는가?』, 서해문집.
시스몬도, 세르지오(Sergio Sismondo), 이재영 옮김 (2013),『융합시대, 사회로 나온 과학기술』, 한티미디어 [원저: *An Introduction to Science and Technology Studies*, 2nd ed. (Oxford, UK: Blackwell Publishing Ltd., 2009)].
신광복·천현득 (2015),『과학이란 무엇인가』, 생각의힘.
신중섭 (1992),『포퍼와 현대의 과학철학』, 서광사.
오히어, 안쏘니(Anthony O'Hear), 신중섭 옮김 (1995),『현대의 과학철학』, 서광사.
요르겐센, 요르겐(Jørgen Jørgensen), 한상기 옮김 (1994),『논리경험주의: 그 시작과 발전 과정』, 서광사.
윤정로 (2000),『과학기술과 한국사회: 구조와 일상의 과학사회학』, 문학과 지성사.
이상욱 외 (2007),『과학으로 생각한다: 과학 속 사상, 사상 속 과학』, 동아시아.
이상원 (1996), "실험철학의 기획",『과학과 철학』 제7집, pp. 63~90; 이중원 외 엮음,『인문학으로 과학읽기』 (실천문학사, 2004), pp. 81~110에 재수록.
이상원 (2004),『실험하기의 철학적 이해』, 서광사.
임경순·정원 (2014),『과학사의 이해』, 다산출판사.

장대익 (2008), 『쿤&포퍼: 과학에는 뭔가 특별한 것이 있다』, 김영사.
장하석(Hasok Chang), 오철우 옮김 (2013), 『온도계의 철학: 측정 그리고 과학의 진보』, 동아시아.
장하석 (2014), 『과학, 철학을 만나다』, 이비에스미디어.
장회익 (2012), 『과학과 메타과학』 개정신판, 현암사.
조인래 외 (1999), 『현대 과학철학의 문제들』, 아르케.
조용현 (1992), 『칼 포퍼의 과학철학』, 서광사.
조희형·박승재 (2001), 『과학론과 과학교육』 제2판, 교육과학사.
조희형 외 (2011), 『과학교육의 이론과 실제』 제4판, 교육과학사.
차머스, 앨런(Alan F. Charmers), 신일철·신중섭 옮김 (1985), 『현대의 과학철학』, 서광사.
차머스, 앨런(Alan F. Charmers), 신중섭·이상원 옮김 (2003), 『과학이란 무엇인가』, 서광사.
최경희 (2005), "개념", 한국과학교육학회 엮음, 『과학교육학 용어 해설』, 교육과학사, pp. 28~31.
최경희·송성수 (2011), 『과학기술로 세상 바로 읽기』, 북스힐.
콜린스, 해리(Harry Collins), 트레버 핀치(Trevor Pinch), 이충형 옮김 (2005), 『골렘: 과학의 뒷골목』, 새물결.
콜린스, 해리(Harry Collins), 트레버 핀치(Trevor Pinch), 이정호·김명진 옮김 (2009), 『닥터 골렘: 두 얼굴의 현대 의학, 어떻게 볼 것인가』, 사이언스북스.
쿤, 토머스(Thomas S. Kuhn), 김명자·홍성욱 옮김 (2013), 『과학혁명의 구조』 제4판, 까치글방.
풀러, 스티브(Steve Fuller), 나현영 옮김 (2007), 『쿤 포퍼 논쟁: 쿤과 포퍼의 세기의 대결에 대한 도발적 평가서』, 생각의 나무.
파인만, 리처드(Richard Feynman), 김희봉 옮김 (2000), 『파인만 씨, 농담도 잘 하시네!』, 총2권, 사이언스북스.

프레스턴, 존(John Preston), 박영태 옮김 (2011), 『쿤의 『과학혁명의 구조』 해제』, 서광사.

한국과학교육학회 엮음 (2005), 『과학교육학 용어 해설』, 교육과학사.

한국과학기술학회 편 (2014), 『과학기술학의 세계』, 휴먼사이언스.

헤스, 데이비드(David J. Hess), 김환석 외 옮김 (2004), 『과학학의 이해』, 당대.

홍성욱 (1999), 『생산력과 문화로서의 과학기술』, 문학과 지성사.

홍성욱 (2004), 『과학은 얼마나』, 서울대학교출판부.

홍성욱 (2005), "토머스 쿤의 역사학, 철학, 그리고 과학", 『서양사연구』 제33집, pp. 139~175.

홍성욱 엮음 (2010), 『인간·사물·동맹: 행위자네트워크 이론과 테크노사이언스』, 이음.

Black, Max (1962), *Model and Metaphors: Studies in Language and Philosophy*, Ithaca, NY: Cornell University Press.

Bloor, David (1991), *Knowledge and Social Imagery*, 2nd ed., London: Routledge [국역: 김경만 옮김, 『지식과 사회의 상』 (한길사, 2000)].

Carnap, Rudolf (1966), *An Introduction to the Philosophy of Science*, edited by Martin Gardner, New York: Basic Books [국역: 윤용택 옮김, 『과학철학 입문』 (서광사, 1993)].

Collins, Harry M. (1981), "Stages in the Empirical Programme of Relativism", *Social Studies of Science*, Vol. 11, No. 1, pp. 3~10.

Collins, Harry M. (1992), *Changing Order: Replications and Inductions in Scientific Practice*, 2nd ed., Chicago: University of Chicago Press.

Feyerabend, Paul (1975), *Against Method: Outline of an Anarchistic Theory of Knowledge*, London: New Left Books [국역: 정병훈 옮김, 『방법에의 도전』 (한겨레, 1987)].

Feyerabend, Paul (1978), *Science in a Free Society*, London: New Left Books.

Fuller, Steve (1988), *Social Epistemology*, Bloomington: University of Indiana Press.

Funtowicz, Silvio O. and Jerome R. Ravetz (1992), "Three Types of Risk Assessment and the Emergence of Post-Normal Science", Sheldon Krimsky and Dominic Golding (eds.), *Social Theories of Risk*, London: Praeger, pp. 251~273.

Galison, Peter (1987), *How Experiments End*, Chicago: Chicago University Press.

Galison, Peter (1988), "History, Philosophy, and the Central Metaphor", *Science in Context*, Vol. 2, No. 1, pp. 197~212.

Galison, Peter (1988a), "Philosophy in the Laboratory", *The Journal of Philosophy*, Vol. 85, No. 10, pp. 525~527.

Galison, Peter (1997), *Image and Logic: A Material Culture of Microphysics*, Chicago: University of Chicago Press.

Hacking, Ian (1981), "Do We See Through a Microscope?", *Pacific Philosophical Quarterly*, Vol. 62, pp. 305~322.

Hacking, Ian (1983), *Representing and Intervening: Introductory Topics in the Philosophy of Natural Science*, Cambridge: Cambridge University Press [국역: 이상원 옮김, 『표상하기와 개입하기: 자연과학철학의 입문적 주제들』 (한울, 2005)].

Hacking, Ian (1990), *The Taming of Chance*, Cambridge: Cambridge University Press [국역: 정혜경 옮김, 『우연을 길들이다: 통계는 어떻게 우연을 과학으로 만들었는가』 (바다출판사, 2012)].

Hacking, Ian (1991), "Speculation, Calculation, and the Creation of Phenomena", Gonzalo Munévar (ed.), *Beyond Reason: Essays on the Philosophy of Paul Feyerabend*, Dordrecht: Kluwer, pp. 131~157.

Hacking, Ian (1992), "The Self-Vindiaction of the Laboratory Sciences", Andrew

Pickering (ed.), *Science as Practice and Culture*, Chicago: University of Chicago Press, pp. 29~64.

Hacking, Ian (1992a), "Style for Historians and Philosophers", *Studies in History and Philosophy of Science*, Vol. 23, pp. 1~20.

Hanson, Norwood R. (1958), *Patterns of Discovery: An Inquiry into the Conceptual Foundations of Science*, Cambridge: Cambridge University Press [국역: 송진웅, 조숙경 옮김, 『과학적 발견의 패턴』 (사이언스북스 2007)].

Hempel, Carl G. (1965), *Aspects of Scientific Explanation and Other Essays in the Philosophy of Science*, New York: Free Press [국역: 전영삼·여영서·이영의 옮김, 『과학적 설명의 여러 측면』 총2권 (나남, 2011)].

Hempel, Carl G. (1966), *Philosophy of Natural Science*, Englewood Cliffs, NJ: Prentice-Hall [국역: 곽강제 옮김, 『자연 과학 철학』 (서광사, 2010)].

Kourany, Janet A. (1987), *Scientific Knowledge: Basic Issues in the Philosophy of Science*, Belmont, CA: Wadsworth Publishing Co.

Kuhn, Thomas S. (1957), *The Copernican Revolution: Planetary Astronomy in the Development of Western Thought*, Cambridge, MA: Harvard University Press.

Kuhn, Thomas S. (1970), *The Structure of Scientific Revolutions*, 2nd ed., Chicago: University of Chicago Press [국역: 김명자 옮김, 『과학혁명의 구조』 개역판 (까치, 1999)].

Kuhn, Thomas S. (1977), *The Essential Tension: Selected Studies in Scientific Tradition and Change*, Chicago: University of Chicago Press.

Kuhn, Thomas S. (2000), *The Road Since Structure: Philosophical Essays, 1970~1993*, Chicago: University of Chicago Press.

Lakatos, Imre (1978), *The Methodology of Scientific Research Programmes*, edited by John Worrall and Gregory Currie, Cambridge: Cambridge University Press [국역: 신중섭 옮김, 『과학적 연구 프로그램의 방법론』 (아카넷, 2002)].

Lakatos, Imre and Alan Musgrave (eds.) (1970), *Criticism and the Growth of Knowledge*, Cambridge: Cambridge University Press [국역: 조승옥·김동식 옮김, 『현대 과학철학 논쟁: 쿤의 패러다임 이론에 대한 옹호와 비판』 (아르케, 2002)].

Latour, Bruno and Steve Woolgar (1986), *Laboratory Life: The Construction of Scientific Facts*, Princeton, NJ: Princeton University Press.

Laudan, Larry (1977), *Progress and Its Problems: Toward a Theory of Scientific Growth*, Berkeley, CA: University of California Press.

Laudan, Larry (1984), *Science and Value*, Cambridge: Cambridge University Press [국역: 이유선 옮김 『과학과 가치』 (민음사, 1994)].

Laudan, Larry (1990), *Science and Relativism*, Cambridge: Cambridge University Press [국역: 이범 옮김, 『포스트모던 과학논쟁』 (새물결, 1997)].

Merton, Robert K. (1973), *The Sociology of Science: Theoretical and Empirical Investigations*, Chicago: University of Chicago Press [국역: 석연호·양종회·정창수 옮김, 『과학사회학』 총2권 (민음사, 1998)].

Nagel, Ernest (1966), *The Structure of Science: Problems in the Logic of Scientific Explanation*, London and New York: Harcourt [국역: 전영삼 옮김, 『과학의 구조』 (아카넷, 2001)].

Newton-Smith, William H. (1981), *The Rationality of Science*, London: Routledge [국역: 양형진 외 옮김, 『과학의 합리성』 (민음사, 1998)].

Nott, Mick and Jerry Wellington (1993), "Science Teachers, the Nature of Science, and the National Science Curriculum", Jerry Wellington (ed.), *Secondary Science: Contemporary Issues and Practical Approaches*, London: Routledge, pp. 32~43.

Pinch, Trevor J. and Wiebe. E. Bijker (1987), "The Social Construction of Facts and Artefacts", Wiebe. E. Bijker, Thomas P. Hughes, and Trevor J. Pinch (eds.), *The Social Construction of Technological Systems*, Cambridge, MA:

MIT Press, pp. 17~50 [국역: "자전거의 변천과정에 대한 사회구성주의적 해석", 송성수 편저, 『과학기술은 사회적으로 어떻게 구성되는가』 (새물결, 1999), pp. 39~80].

Popper, Karl R. (1959), *The Logic of Scientific Discovery*, London: Hutchinson [국역: 박우석 옮김, 『과학적 발견의 논리』 (고려원, 1994)].

Popper, Karl R. (1969), *Conjectures and Refutations*, London: Routledge [국역: 이한구 옮김, 『추측과 논박』 총2권 (민음사, 2001)].

Quine, W. V. O. (1961), *From a Logical Point of View*, New York: Harper and Row [국역: 허라금 옮김, 『논리적 관점에서』 (서광사, 1993)].

Ratcliffe, Mary and Marcus Grace (2003), *Science Education for Citizenship: Teaching Socio-Scientific Issues*, Maidenhead, UK: Open University Press.

Reichenbach, Hans (1951), *The Rise of Scientific Philosophy*, Berkeley and Los Angeles, CA: University of California Press [국역: 전두하 옮김, 『과학철학의 형성』 (선학사, 2002); 최현철 옮김, 『과학철학의 형성』 (지식을 만드는 지식, 2009)].

Resnik, David B. (1988), *The Ethics of Science: An Introduction*, London: Routledge [국역: 양재섭·구미정 옮김, 『과학의 윤리』 (나남출판사, 2016)].

Schiebinger, Londa (1993), "Why Mammals Are Called Mammals: Gender Politics in Eighteenth-century Natural History", *The American Historical Review*, Vol. 98, No. 2, pp. 382~411.

Schwab, Joseph J. (1966), *The Teaching of Science*, Cambridge, MA: Harvard University Press.

Shapin, Steven and Simon Schaffer (1985), *Leviathan and the Air-Pump: Hobbes, Boyle, and the Experimental Life*, Princeton, NJ: Princeton University Press.

Woolgar, Steve (1982), "Laboratory Studies: A Comment on the State of the Art", *Social Studies of Science*, Vol. 12, No. 4, (1982), pp. 481~498.

Yager, Robert E. (2013), *Exemplary Science for Resolving Societal Challenges*,

Washington, DC: National Science Teachers Association Press [국역: 서혜애 외 옮김, 『사회문제를 해결하는 과학수업』 (북스힐, 2015)].
Zeidler, Dana L. (ed.) (2003), *The Role of Moral Reasoning on Socioscientific Issues and Discourse in Science Education*, Dordrecht: Kluwer Academic Publishers.

과학의 본성과 과학철학

1판 1쇄 펴냄 | 2016년 8월 29일

지은이 | 송성수
발행인 | 김병준
편집장 | 김진형
디자인 | 박애영
발행처 | 생각의힘

등록 | 2011. 10. 27. 제406-2011-000127호
주소 | 경기도 파주시 회동길 37-42 파주출판도시
전화 | 070-7096-1332
전자우편 | tpbook1@tpbook.co.kr
홈페이지 | www.tpbook.co.kr

공급처 | 자유아카데미
전화 | 031-955-1321
팩스 | 031-955-1322
홈페이지 | www.freeaca.com

ISBN 979-11-85585-27-7 93400

이 도서의 국립중앙도서관 출판시도서목록(CIP)은
서지정보유통지원시스템 홈페이지(http://seoji.nl.go.kr)와
국가자료공동목록시스템(http://www.nl.go.kr/kolisnet)에서
이용하실 수 있습니다.(CIP제어번호: CIP2016019776)